修订版

东海绘里香动物提花编织包

[日] 东海绘里香 著
舒舒 译

使用棒针编织，结合刺绣做出的动物图案包和围巾

東華大學出版社·上海

前言

《动物提花编织包》(編み込み動物バッグ)出版八年后，我们终于推出了该书的修订版。

能有这样的机会，得益于众多读者织了许多动物提花包。

我深感欣喜，在此向大家表示衷心的感谢。

我不禁回想起那些反复尝试，不断摸索的日子，只为让作为图案的动物们既呈现出贴近自然的外观，又能让人感受到它们的可爱俏皮。

修订版不但增加了两款动物图案，还更新了毛线信息，使其内容与时俱进，让本书能在未来长期发挥作用。

若各位读者能在享受编织乐趣的同时，通过一针一线的积累，创造出栩栩如生的动物形象，我将倍感欣慰。

东海绘里香

目录

01
狐狸

Fox

制作方法→p.39

该作品以配色图案为主，刺绣较少。由于前后图案相连，若希望成品尺寸更大，加宽左侧留白可使整体更显协调。背景采用了具有冬日景致意象的粗花呢线。

02

兔子

Rabbit

制作方法→p.70

使用渐变灰色制作的兔子图案。你也可以将其换成白色系、棕色系等其他自己喜欢的颜色。刺绣时请保持胡须曲线的自然感。你也可以将长提手调整为短提手。

03
鲸头鹳

Shoebill

制作方法→p.72

头部的冠羽用仿皮草线轻柔地绣出蓬松感。翅膀的羽毛较为细密，无需严格对照刺绣图解，可以基于配色图案，从上往下作针迹逐渐收细的刺绣。

04
小企鹅

Baby penguin

制作方法→p.74

这是本书中尺寸最小的一款包，是一个刺绣少、图案也不复杂的作品，推荐初学者尝试。用灰色的仿皮草线来表现雏鸟蓬松的羽毛。如果缩短提手做成迷你包，背起来也会很可爱。

05
环尾狐猴

Ring-tailed lemur

制作方法→p.76

为了突显其名称的由来，可使用仿皮草线来编织尾部的环形花纹，使之更显眼。包的背景色采用不同颜色线合股营造出木纹质感，若你偏好纯色效果，则可使用 2 根同色线合股来编织背景。

06

松鼠

Squirrel

制作方法→p.78

用刺绣来表现松鼠背部及面部图案时，与其说是“绣制”，不如说更接近于“描画”的感觉。若想将两侧留白收窄改为竖长版型，建议同步缩短提手以保持整体的平衡感。

07
鸡尾鹦鹉

Cockatiel

制作方法→p.80

停驻枝头的鸟爪需以刚劲有力的针法绣制，而冠羽则要融入头部的配色图案中，用轻柔蓬松的绣法营造空气感。黄色的鸟儿搭配青色系背景，让成品更漂亮。

08
刺猬

Hedgehog

制作方法→p.82

刺绣部分的针法，会影响成品给人的印象。建议从深色部分开始绣制，这样更容易把握整体平衡感。为避免方向和色彩过于集中，建议一边观察整体，一边将针迹方向分为前侧和后侧两种角度来绣制。

胡须与眼线处的刺绣是关键所在。刺绣时请随时观察整体效果，力求呈现自然生动的神态。若需更换背景颜色，可参考同款配色图案（仅更换了背景色）的猫咪围巾（p.30）。

10
三花猫

Calico cat

制作方法→p.86

由于该作品原背景用线已停产，所以制作方法页标注的是可呈现相似质感的替换线材。请感受柔软马海毛与璀璨金丝线组合产生的全新材质魅力。

11

熊

Bear

制作方法→p.88

若需更换背景色调，建议搭配暖色系将更显协调。当小熊配色采用白色系时，可化身北极熊造型，此时若选用蓝色系冷调背景，便能自然呼应北极熊栖息的极地意象。

12
长颈鹿

Giraffe

制作方法→p.90

考虑到长颈鹿图案位于包体较高位置，设计成长肩带式提手。颈部花纹部分也可采用横向渡线的编织方法，但需注意渡线不要太紧。

13
柴犬

Shiba inu

制作方法→p.92

在黑色的脸上绣出黑色眼睛的轮廓很困难，所以配色编织时用灰色编织眼睛的部分，用刺绣勾勒出轮廓后再使用黑色线填充眼睛内部。嘴角的上扬幅度会改变表情，请试着调整出自己喜欢的模样。

14
熊猫

Panda

制作方法→p.94

这款设计采用前后片连贯的图案布局，图案比其他作品更简单，刺绣量也较少，因此制作难度相对较低。熊猫图案给人的印象很可爱，若选用灰色背景打造单色调风格，就能呈现成熟的成品效果。

15
小鹿

Fawn

制作方法→p.96

配色图案刚完成时，纤细的腿部线条往往会显得生硬不自然。通过刺绣修整轮廓，使其呈现出自然、美丽、流畅的腿部线条。给背部的花样刺绣时，宜采用随机走向的针法，避免过度规整。

16
燕子

Swallow

制作方法→p.98

因为是温暖季节的鸟儿，所以采用了明亮的淡蓝色背景，通过马海毛的使用，与燕子主体的毛线形成对比。羽毛边缘的刺绣针迹较为醒目，注意保持自然的曲线弧度。此外，包的后片也有少量的配色图案作为点缀。

17
仓鸮

Barn owl

制作方法→ p.100

本作品使用比其他线更粗、更蓬松的花式线，用更紧密的手法来编织。由于仓鸮是浅色系配色，若需更换背景色，建议选用鲜明色调以突显其轮廓造型。

18
猫头鹰

Scops owl

制作方法→p.102

眼部轮廓的塑造虽有一定难度，但作为作品的核心亮点，试着绣制出一个漂亮的圆形。在连续刺绣细密的花样时，注意背面的走线不要过紧。

19
老鹰

Crested serpent eagle

制作方法→p.104

羽毛部分的刺绣因细密且量大，建议每绣一针都仔细确认针迹的起点和终点。对于需要用短针迹多次密绣的部位，可通过微妙调整针脚方向和长度来避免机械感，从而呈现自然生动的羽毛质感。

21
猫咪围巾

3款围巾
Reindeer / Cat / Lion scarf
制作方法→p.106

20
驯鹿围巾

22
狮子围巾

驯鹿围巾与猫咪围巾的前后片行数存在差异。缝合侧边时，建议先用定位针对齐两端，可有效避免错位。狮子围巾刺绣用的仿皮草线较粗且毛绒较长，刺绣时需手法轻柔。由于猫咪围巾反面使用的原版毛线已停产，制作方法页标注了推荐的替代线材。

23
狮子

Lion

制作方法→p.110

这是一款大尺寸的包，使用了轻质的线以控制整体重量。如果扩大毛绒较长的仿皮草线刺绣范围，将变成气质更加狂野的狮子。眼睛和嘴巴的刺绣要尽量与配色编织的部分过渡自然。

24
狼

Wolf

制作方法→p.112

前后片的行数存在差异，缝合两侧时需注意对位准确，避免错位。蓬松的仿皮草线比其他毛线更粗，使用此线时请织紧一些。

25
山羊

Goat

制作方法→p.114

由于该作品的背景毛线已停产，制作方法页标注了可呈现相近质感的替代线材。替代线拥有美丽微妙的渐变色调，而且不容易起球。

26
驴

Donkey

制作方法→p.116

鬃毛的刺绣无需拘泥于固定的色彩顺序或长度，关键在于保持针脚方向一致的同时避免过度紧绷，力求呈现自然流畅的毛发质感。鼻子与嘴周区域的刺绣需特别注意与配色编织的部分衔接融合。

27
驯鹿

Reindeer

制作方法→p.118

若将提手加长，改为肩背款式，风格更加活泼，也更实用。更换背景色时，建议选用能与鹿角配色形成鲜明对比的色调。耳朵上的刺绣需要注意线条应自然流畅。

动物包的制作方法

本书所有包的制作方法几乎相同。
先编织主体，进行刺绣，然后制作提手和内袋，最后进行整体组装。
我们先以狐狸包（p.6）为例，介绍基本的整体制作流程。
其他动物包制作流程与狐狸包相同，如遇问题，请返回此章节确认制作方法。

* 材料和工具请参考 p.42、p.43，包的制作方法请参考 p.44 ~ p.67，围巾的制作方法请参考 p.44 ~ p.57。
* 所有作品的尺寸仅供参考。尺寸受编织力度和毛线粗细不同的影响，请参考各作品的密度。
* 内袋请根据包体的实际尺寸进行裁剪。

狐狸 | Fox | →p. 6

工具和材料

线材 / A：Puppy / Soft Douegal（5221）灰色 75g
B：Puppy / BRITISH EROIKA（125）白色 50g
C：Puppy / PRINCESS ANNY（551）黄色 38g
＊ 2 根线合股使用
D：Puppy / BRITISH EROIKA（186）橘色 25g
E：Puppy / BRITISH EROIKA（143）米色 10g
F：Puppy / BRITISH EROIKA（205）木纹黑 10g
G：Puppy / BRITISH EROIKA（190）孔雀蓝 5 g
针 / 2 支装的直棒针（日本 9 号 =4.8mm）
钩针（日本 7/0 号 =4mm）
其他 / 内袋用布 33cm × 84cm，彩色织带宽 2cm 长 64cm

编织密度

16 针 22 行（10cm x 10cm）

尺寸

宽 30cm × 高 39cm，提手长 27cm

编织方法

毛线方面，除了 C 线为 2 根合股使用，其他线使用单根编织。

- 使用手指绕线起针法起 50 针（起针行 = 第 1 行），前后片都从第 2 行开始使用纵向渡线的方法进行配色编织。
- 完成的织片先用蒸汽熨斗整烫，再进行刺绣。
- 前后片的底部先作平针接合，再用蒸汽熨斗整烫。
- 两条侧边作挑针缝合，形成袋状。袋口的缘编使用 A 线挑针，重复“每钩 6 针短针，钩 1 针短针的 2 并 1”，共减 12 针。
- 提手使用 A 线编织，夹缝彩色织带，提手的两条侧边作卷针缝合。
- 用疏缝线将提手固定在包体的指定位置。
- 用缝纫机将内袋布料缝制成袋状，再用缝纫机将其缝合到包体上。最后拆除所有疏缝线。

○刺绣图解

在包体的织片上，用指定毛线在指定位置进行刺绣。

* 狐狸包的刺绣中，眼眶处将原本 3 股的毛线拆股，去掉 1 股，使用剩下的 2 股线作刺绣（参照 p.54）。

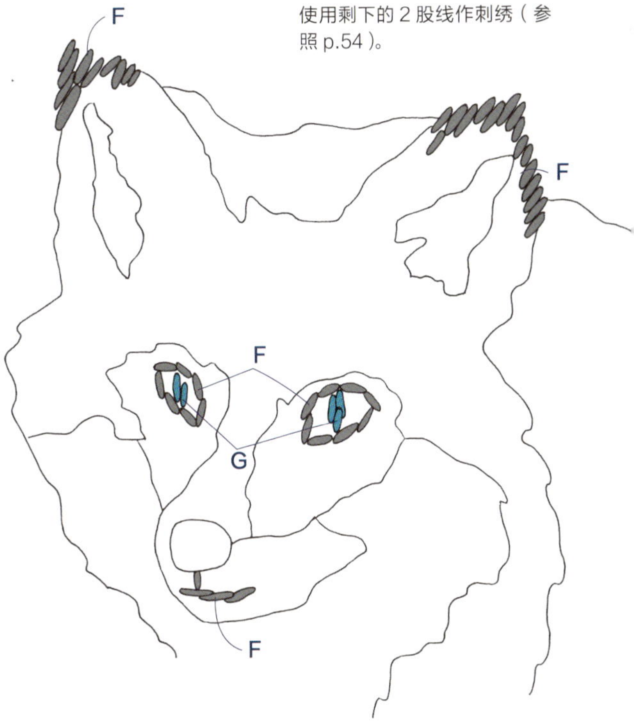

○包体（前片）

包前片的编织图解。编织平针的配色图案。

□ = |I| 下针

配色
- = A（灰色）
- = B（白色）
- = C（黄色）
- = D（橘色）
- = E（米色）
- = F（木纹黑）

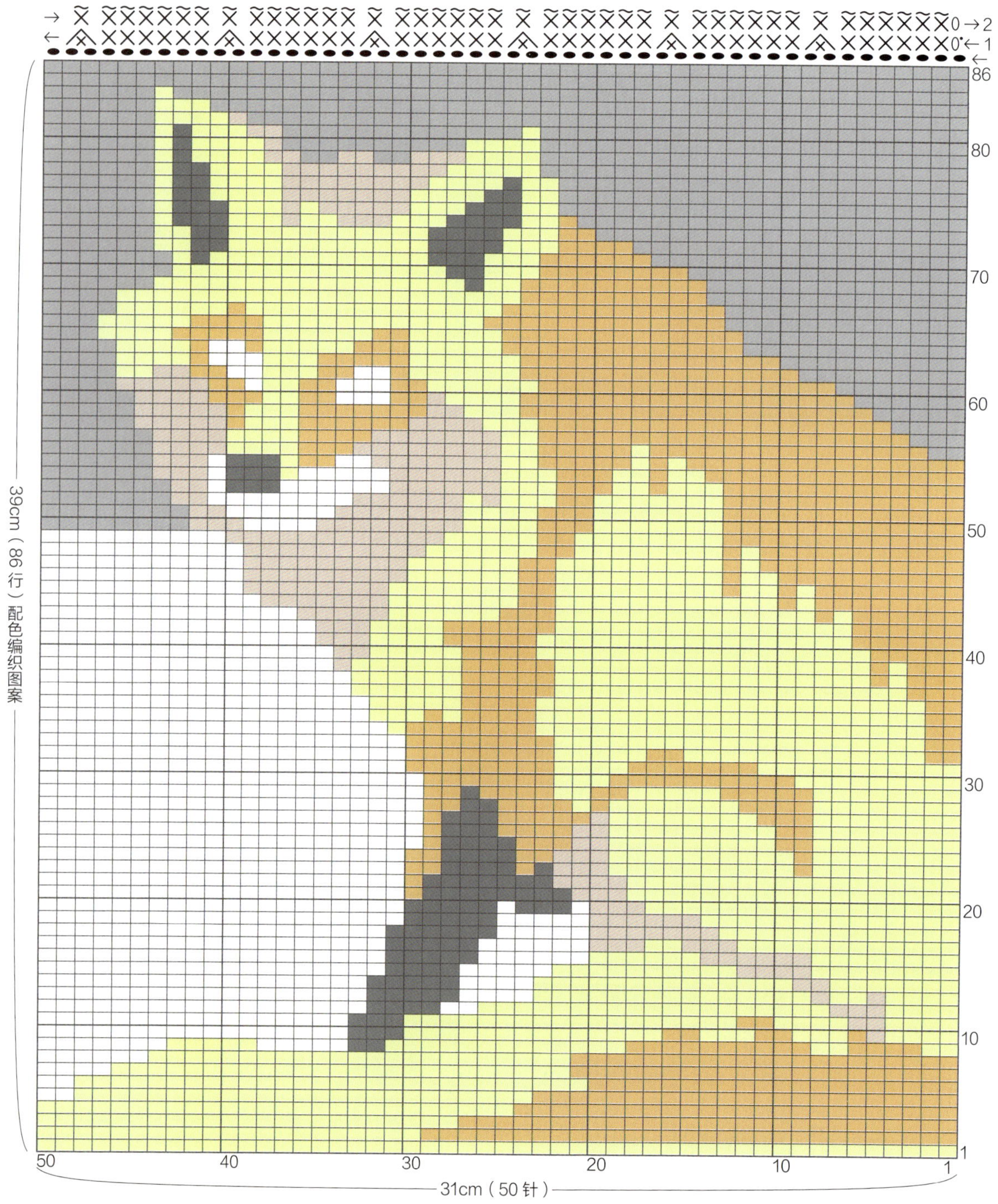

○包体（后片）

包后片的编织图解。有配色图案的情况下，编织平针的配色图案；没有配色图案的情况下，使用指定的毛线按指定行数编织平针。

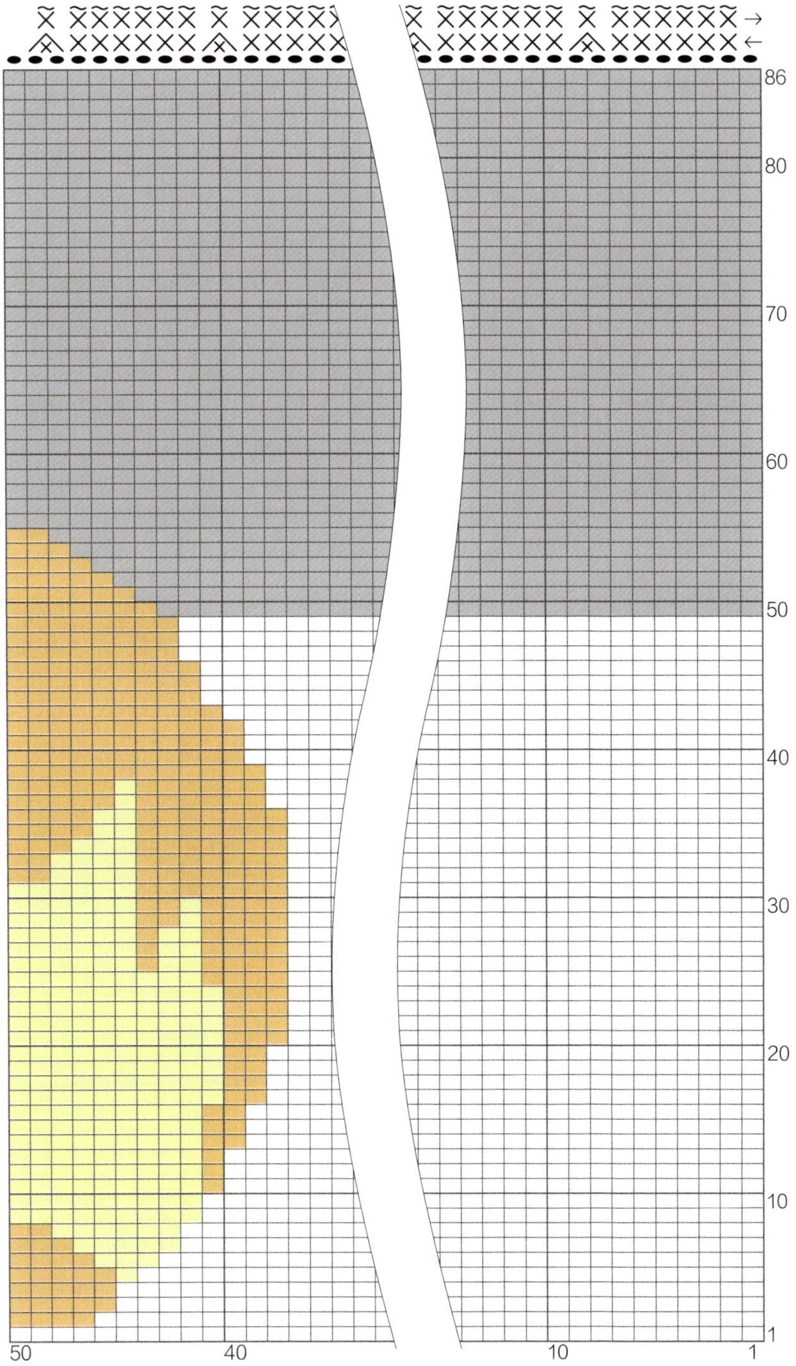

○内袋（单位：cm）

数字仅供参考。
请根据编织完成后的包体实际尺寸来裁剪布料。

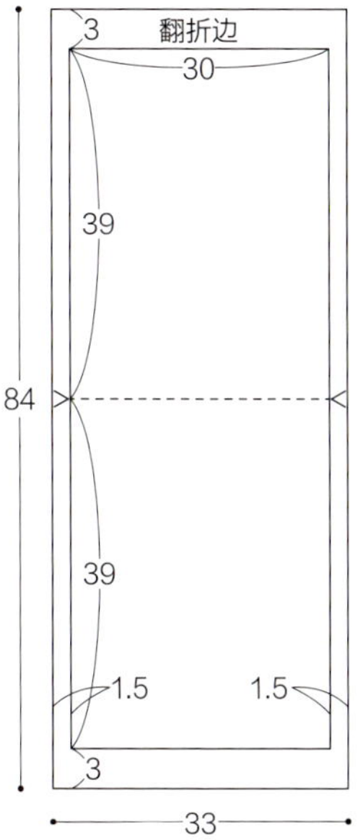

○提手（单位：cm）

使用指定毛线编织短针，
托特包制作 4 根提手，
单肩包制作 2 根长肩带。

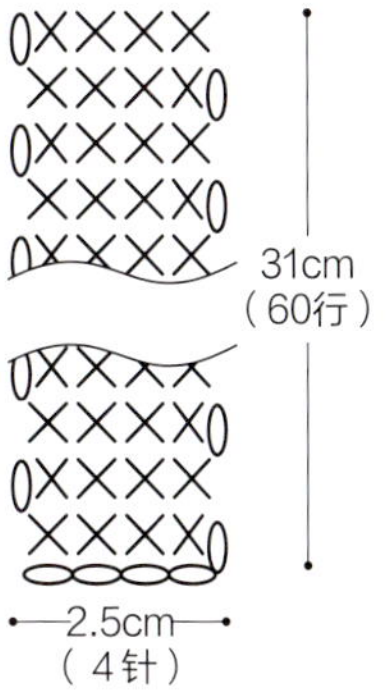

○提手的位置（单位：cm）

从主体织片的中间往两侧找左右对称的指定位置，将提手夹在织片与内袋之间缝合固定。

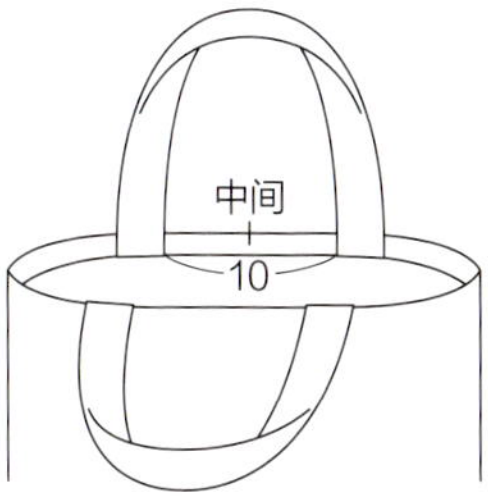

工具和材料

制作动物包时需要的工具和材料。

材料清单

所有材料均可在手工艺品店内购得，若使用缝纫机请另备机用缝纫线。

布料

用于制作内袋，建议选用棉麻或纯棉等具有一定强度的布料。推荐采用色彩鲜艳或带条纹图案等的特色花纹布料，那样的布料可成为设计的点睛之笔。

疏缝线

用于提手与内袋的临时固定。

手工艺用彩色织带

* 可用薄型斜纹织带替代

用来缝制于提手内部。颜色可自由选择，推荐选用深色系——即使从编织缝隙中透出也不显眼。织带宽度应窄于提手的宽度尺寸。

毛线

本书主要使用中粗至特粗规格的毛线。若无相同线材，可用近似颜色和相同粗细的毛线替代。

工具

选择自己用惯的工具即可，无需特意购置。

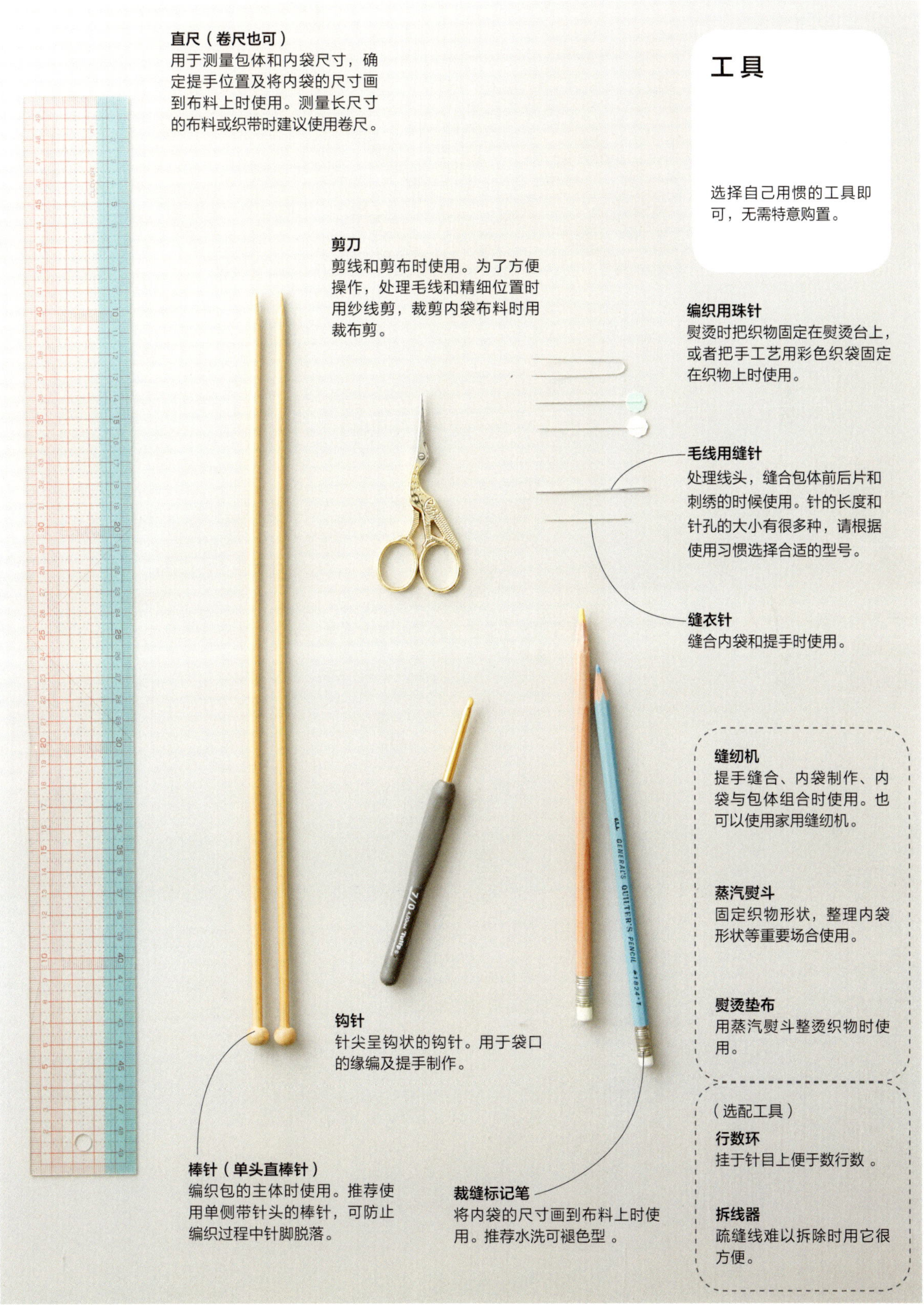

直尺（卷尺也可）
用于测量包体和内袋尺寸，确定提手位置及将内袋的尺寸画到布料上时使用。测量长尺寸的布料或织带时建议使用卷尺。

剪刀
剪线和剪布时使用。为了方便操作，处理毛线和精细位置时用纱线剪，裁剪内袋布料时用裁布剪。

编织用珠针
熨烫时把织物固定在熨烫台上，或者把手工艺用彩色织袋固定在织物上时使用。

毛线用缝针
处理线头，缝合包体前后片和刺绣的时候使用。针的长度和针孔的大小有很多种，请根据使用习惯选择合适的型号。

缝衣针
缝合内袋和提手时使用。

钩针
针尖呈钩状的钩针。用于袋口的缘编及提手制作。

棒针（单头直棒针）
编织包的主体时使用。推荐使用单侧带针头的棒针，可防止编织过程中针脚脱落。

裁缝标记笔
将内袋的尺寸画到布料上时使用。推荐水洗可褪色型 。

缝纫机
提手缝合、内袋制作、内袋与包体组合时使用。也可以使用家用缝纫机。

蒸汽熨斗
固定织物形状，整理内袋形状等重要场合使用。

熨烫垫布
用蒸汽熨斗整烫织物时使用。

（选配工具）

行数环
挂于针目上便于数行数 。

拆线器
疏缝线难以拆除时用它很方便。

1 使用棒针编织包体

平针是一种从织物正面看全部呈现下针的编织方法。本书的所有织物均采用往返编织技法，通过逐行交替编织上针和下针来完成。

○编织开始 / 起针

起针方法有多种。这里介绍的是作者所采用的方法，也可使用其他方式起针。

* 狐狸包的起针应该采用 2 根线合股，为了便于观察，此处以单根线示范。

1

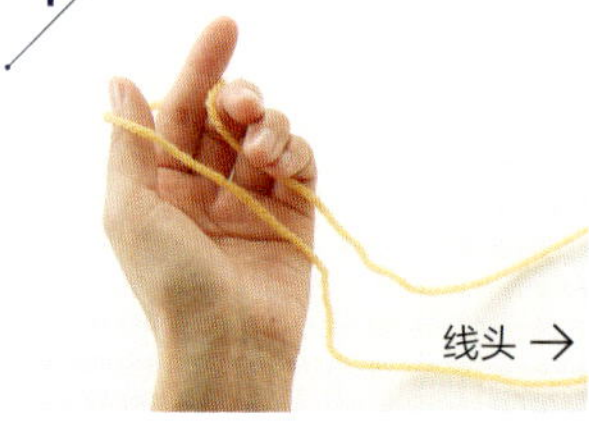

从线头开始，取织物宽度约 3 倍的长度，挂在左手的拇指和食指上。

2

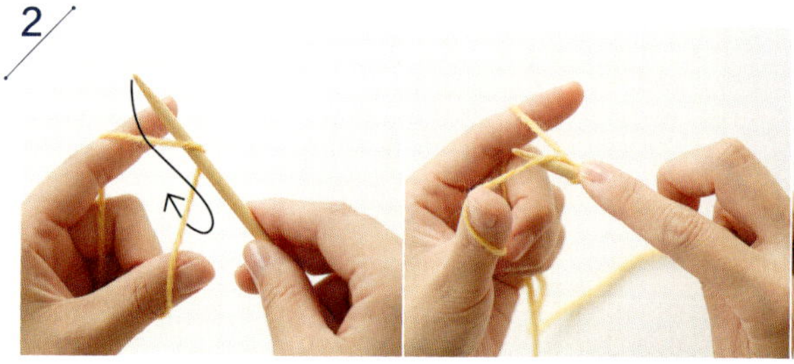

将棒针搭在绕于手指的线上，按箭头所示方向挑起。

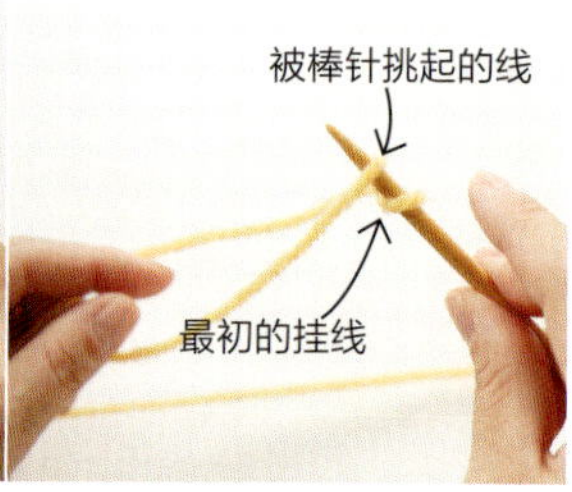

毛线被挑起的状态。

3

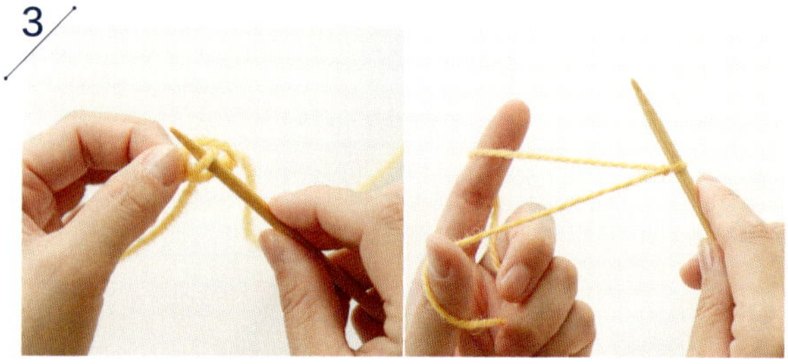

将最初挂在棒针上的线，套过刚才挑起的线。这便形成边缘的第 1 针。

4

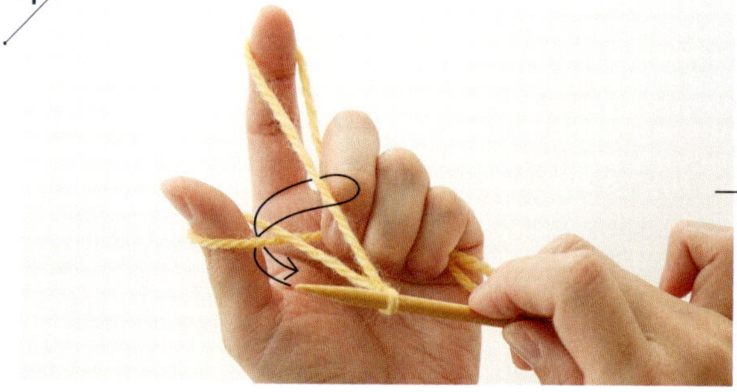

→

按箭头方向挑取绕在拇指和食指上的线。

→

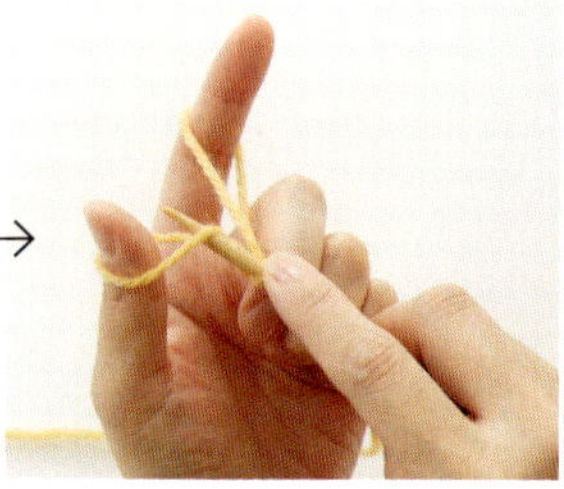

从下方挑起绕在拇指内侧的线，

从上方挑起绕在食指内侧的线，

就这样穿过拇指上所挂线圈的中间。

5

松开拇指的线，起出第 2 针。

6

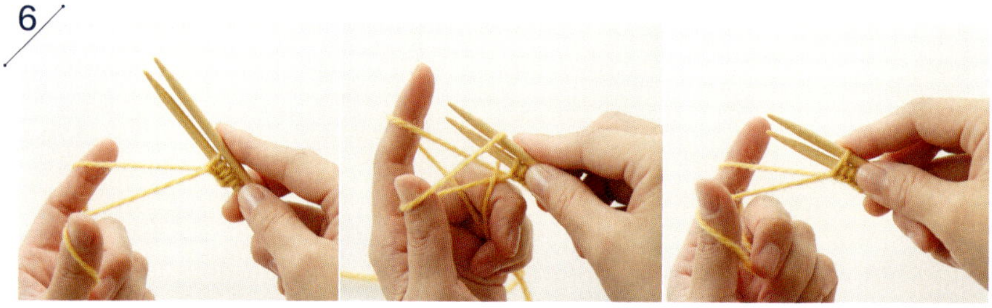

起针至第 5 针，从第 6 针开始改用 2 根棒针并用来起针（这种方式可以使单根棒针起针的边缘更紧密）。

7

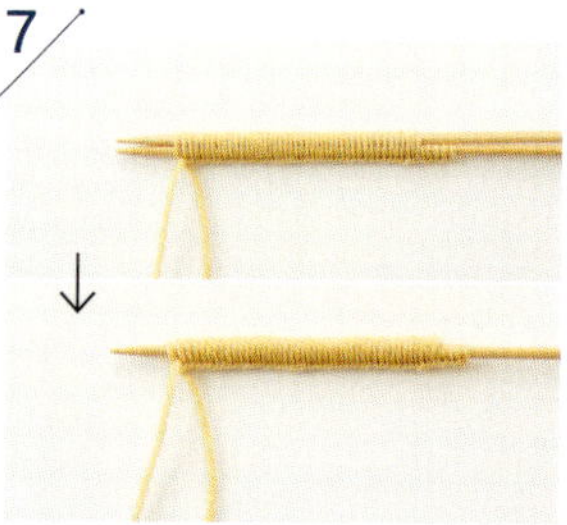

起出所需针数后，将步骤 6 中并用的 2 根棒针抽出 1 根，即完成起针。这便算作第 1 行。

○上针 / 偶数行（编织图解符号为[—]）

平针编织的反面（偶数行）按以下方式编织上针：

1

第 2 行。将起针的棒针换到左手。

2

棒针从边上第 1 针的背面入针。

3

挂线，按箭头方向拉出。

4

将此针从左棒针上脱落。完成1针上针。

5

第 2 针也从背面插入棒针，按相同步骤编织。

6

狐狸包要在这里
换线哦！
→见p.47上方

第 2 行（反面）编织到中途的状态。

○下针 / 奇数行（编织图解符号为 | ）

平针编织的正面（奇数行）按以下方式编织下针：

1

第 3 行。将织了一行上针的棒针换到左手，从第 1 针的正面入针。

2

挂线，按箭头方向拉出。

3

将此针从左棒针上脱落。完成1针下针。

4

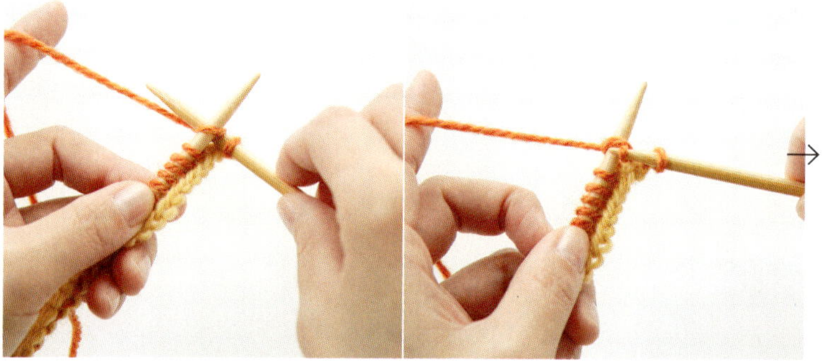

第 2 针也从正面插入棒针，按相同步骤编织。

5

狐狸包要在这里换线哦！
→见p.47上方

第 3 行（正面）编织到中途的状态。

通过逐行交替编织上针和下针，形成平针。

○换线的方法

编织过程中线不够用，或是从当前编织线换到其他颜色线的方法如下：

●编织上针（偶数行）时换线

1

将新线的线头留 15 ~ 20cm 在织物背面（偶数行时为靠近自己一侧）。

2

挂上新线，按箭头方向拉出。

3

将此针从左棒针上脱落。用新线织 1 针上针。

4

继续用新线重复步骤 **2** ~ **3** 进行编织。

5

狐狸包接下来要编织下针啦！→见p.46上方

换线行编织完成。线头留在织物背面。

●编织下针（奇数行）时换线

1

与上针换线相同，将新线的线头留 15 ~ 20cm 在织物背面（奇数行时为远离自己一侧）。

2

按下针的编织方法挂线拉出，将此针从左棒针上脱落。

3

请按照具体的编织图解来编织哟！

继续用新线编织。换线行编织完成。

○渡线方向 ① / 纵向渡线

换线时纵向（朝上的方向）渡线编织的方法。适合编织单一花样或纵向连续花样时使用。
换色时需要用新线团，预先绕好线团会更方便（参照 p.68）。

●编织下针（奇数行）时渡线

1

将正在编织的线（橙色）和接下来要编织的线（黄色）在后方交叉。

2

交叉后的状态。

3

将正在编织的线保持在后方用右手拿住，用接下来要编织的线编织下针。

4

换线时参考步骤 1 ~ 3，按相同方向交叉后编织。渡线在正面看不到。

●编织上针（偶数行）时渡线

1

将正在编织的线（黄色）和接下来要编织的线（橙色）在前方交叉。

2

将正在编织的线保持在前方用右手拿住，用接下来要编织的线编织上针。

3

正在编织上针的状态。

4

换线时参考步骤 1 ~ 3，按相同方向交叉后编织。

○渡线方法 ② / 横向渡线

换线时横向渡线编织的方法。这是常见的编织方式。
适合编织小图案或连续图案时使用。

●编织下针（奇数行）时渡线

1

将要编织的线（黄色）放在下方，正在编织的线（橙色）放在上方交叉，然后编织下针。上下位置也可以相反。

2

拿在手上的状态。

3

换线时，保持线的上下位置重复操作。位置相反时也用相同方法处理。渡线在正面看不到。

●上针（偶数行）渡线

1

将要编织的线（黄色）放在下方，正在编织的线（橙色）放在上方交叉，然后编织上针。上下位置也可以相反。

2

换线时，保持线的上下位置重复操作。位置相反时也用相同方法处理。

○编织终点 / 伏针收针（编织图解符号为 ⬬）

为了防止编织好的针目松开而进行的收针方法，直接使用编织结束的线来收针。由于本书的作品都是在偶数行（上针行）结束编织，所以会在下针行进行伏针收针。

1

主体部分编织完成。最后一定是在偶数行结束，所以要在下针行进行伏针收针。

2

从边缘开始编织 2 针下针。

3

将左棒针插入第 1 针，按照箭头方向将第 2 针盖过第 1 针后从棒针上脱下。

正在盖针的状态。

4

完成 1 针伏针收针。

5

重复步骤 2 ～ 4，收完所有针目。

6

留出约 15cm 线头后剪断。将线头穿过最后一个线环，拔出棒针，拉紧线头。

7

完成。

○处理线头

在开始编织、更换毛线以及编织结束时，会留下许多线头需要处理。这里介绍的方法是作者独创的技巧。哪怕线头再多，只要全部处理完毕，织物就会变得整洁美观。

1

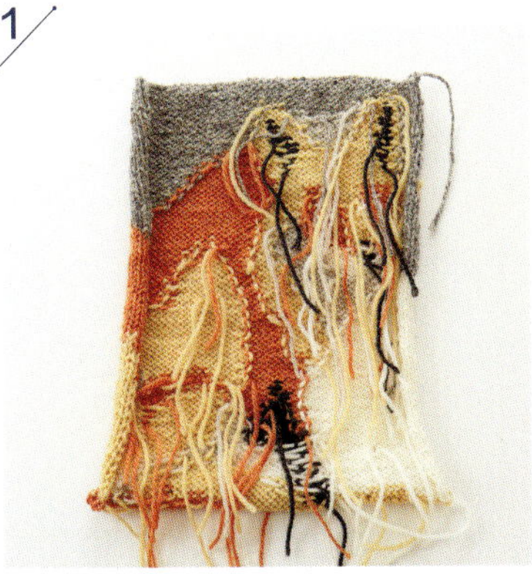

主体部分编织完成。从背面看有这么多线头需要处理。

2

将横向渡线的线头穿入缝针。

3

沿着换线时产生空隙的方向，刺破毛线穿入缝针。

4

如图拉出线头，剪掉多余部分。注意藏好的线头不能从正面露出。

5

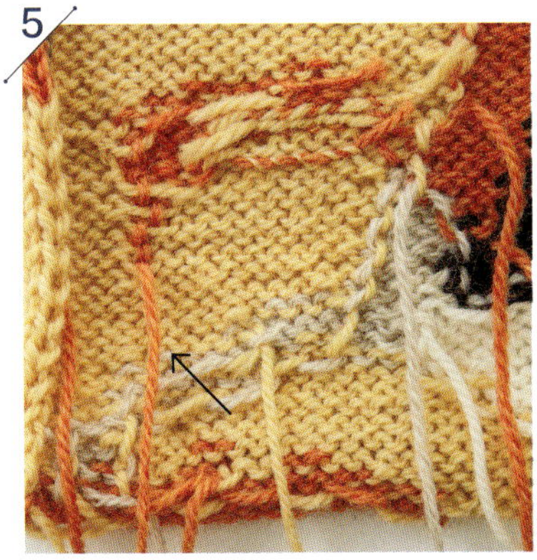

将纵向渡线的线头穿入缝针。

6

刺破紧邻的编织线将缝针穿入，再如图所示拉出。

7

将缝针穿过相邻的纵向渡线，再如图所示拉出。

8

继续从稍上方的毛线中刺破穿入缝针，如图拉出。

9

同步骤 7 一样，将缝针穿过相邻的纵向渡线，如图拉出。

10

重复步骤 8 ~ 9，让缝针穿过所有纵向渡线。

11

最后在稍上方的位置刺破毛线穿入缝针，如图拉出。

12

在步骤 6 ~ 10 刺破过的毛线处重新穿入缝针，如图拉出。剪掉剩余线头。注意藏好的线头不能从正面露出。

漂亮地完成啦！

○熨斗整烫

织好的织片边缘容易卷曲，针脚也不够平整。
使用熨斗整烫后，织片会变得规整，便于后续操作。

1

准备织片、编织用定位针、熨斗、熨烫垫板、熨烫衬布。

2

将织片反面朝上，用定位针固定右上角。

3

对照成品尺寸用尺子测量调整形状，逐步用定位针固定边缘。

4

铺上衬布，悬空 2 ~ 3cm 进行蒸汽熨烫。为避免纱线缩水，织片不可直接接触熨斗。

5

对容易翘边的部位，可隔着衬布轻压使其定型。

6

静置冷却至余热消散后取下定位针。

7

变得挺括啦！

用同样方法熨烫包的后片。

2 刺绣

编织完成后，可以在织片上刺绣图案或点缀细节。
通过刺绣能让动物们更立体生动，表情更丰富。

○刺绣图解

○准备工作

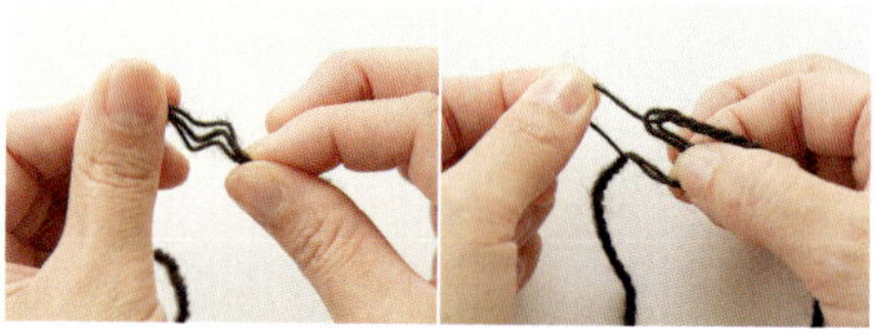

为了让狐狸眼睛轮廓更清晰，使用比其他部位更细的绣线：将毛线拆股，去掉1股，使用剩下的2股线。

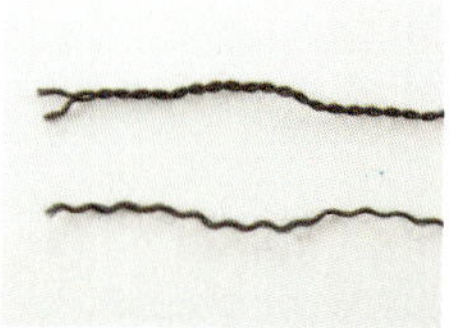

下方为被拆出的1股线。
使用上方的2股线。

○刺绣步骤

1

从刺绣位置的背面，刺破毛线穿入缝针。

2

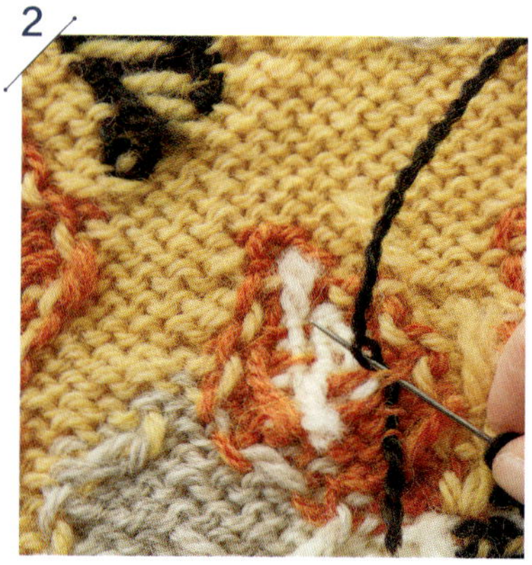

在被刺破的毛线处再次入针，缝针的同时破开绣线穿过。

3

在刺绣起针处完成固定，从此处开始刺绣。

4

将织片翻到正面，从眼眶位置出针，如图拉出。

5

在出针点稍上方，从背面往正面挑针，拉出绣线。

6

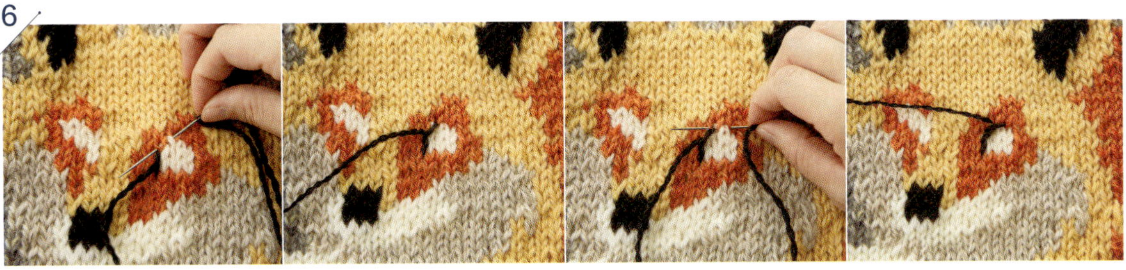

使用与步骤 5 相同的方法，沿眼眶挑针拉线（作轮廓绣）。

7

绣到眼角时改变走线角度。
先将缝针穿到背面。

8

从眼眶出针后，在眼角入针穿到背面。

9

重复步骤 8，完成眼眶刺绣。

10

处理线头。缝针同时刺破织片反面的编织线与绣线穿过，剪去多余线头。

11

用同样的方法绣出眼珠。

12

威风凛凛的样子！

完成双眼的刺绣。接着按刺绣图解在指定位置（耳朵和嘴部）继续刺绣。

3 组装

将包主体的前片和后片作底部的接合和两侧的缝合。通过这一工序，包便呈现出应有的形状。

＊为了示范更清楚，照片中更换了缝线颜色。

○接合前后片的底部

1

将主体前片和后片所要接合的底边对齐放置。

2

将穿好缝线的缝针从前片边缘穿过。缝针的同时刺破编织线和缝线，固定缝线的起点，如图右所示穿过第 1 针。缝线选用织物第 1 行最浅的颜色，让缝迹不显眼。

3

从后片第 1 针穿针拉线。

4

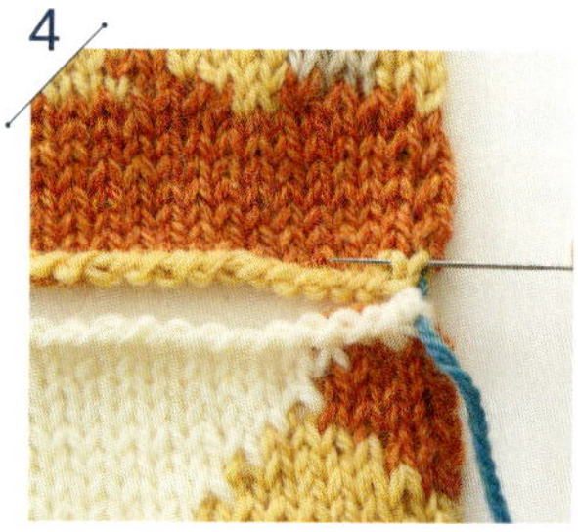

从步骤 2 相邻的针目穿针拉线。

5

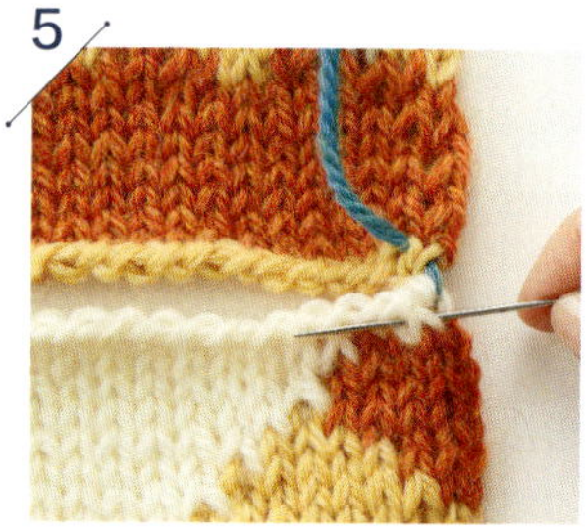

从步骤 3 相邻的针目穿针拉线。

6

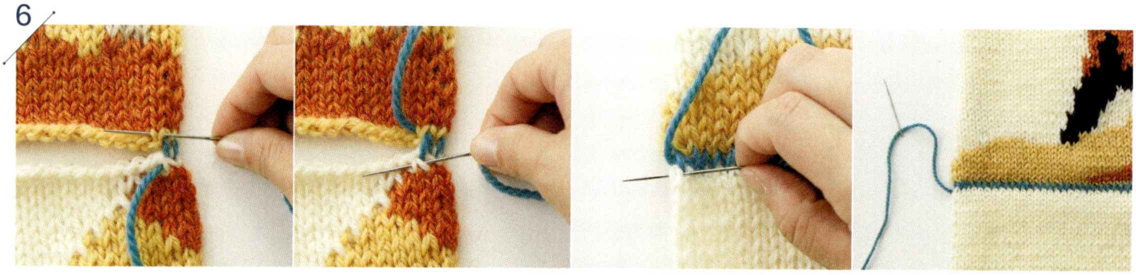

重复步骤 4、5，直到最后一组针目接合完成，处理线头。

7

若底部鼓起不平整，可垫布用蒸汽熨斗熨烫。

8

底部完成接合啦！

针脚平整。底部接合完成。

○两侧的缝合

1

用 p.56 步骤 **2** 的方法，固定缝线的起点。挑起后片起针行边缘第 1 针内侧的横线。

2

接着挑起前片边缘第 1 针内侧的横线。缝线选用织片用得最多的颜色，让缝迹不显眼。

3

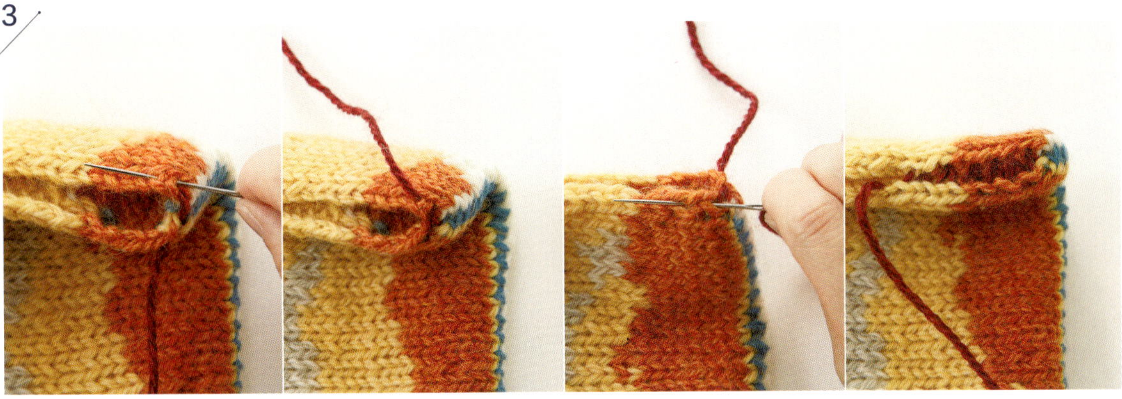

重复步骤 **1**、**2**。拉紧缝线，直至其完全藏入织物看不见为止。

4

缝至袋口处，处理线头。

5

变成袋子啦！

另一侧用同样的方法缝合。
塑造成袋状。

4 钩织缘编

为了加固袋口，防止其外扩需要在包口边缘进行钩织（钩织的边缘花样称为缘编）。从这里开始请使用指定的钩针，从针目挑针来钩织。
＊为了示范更清楚，照片中每行都更换了毛线颜色。

○用短针钩织（编织图解符号为×）

1

将钩针插入最上方的针目，接上钩织短针用的线并拉出。

2

再次挂线，如图拉出。这就是起立针的锁1针。

3

在1针锁针的起立针的相同位置插入钩针拉出线，再次挂线一次性拉出。完成1针短针。

4

接着在步骤 1 的相邻针目插入钩针，同步骤 3 那样拉出线，再次挂线一次性拉出。完成2针短针。

5

重复步骤 4 钩织6针短针。

6

按照p.40的编织图解，在这里减1针（减针）。先在相邻针目插入针挂线，如图拉出。

7

再从相邻针目插入钩针挂线，如图拉出。

8

钩针挂线，一次性拉出。

这样就减了 1 针。

9

按照编织图解边减针边钩织 1 圈。

10

钩针穿入第 1 个短针顶部的 2 根线，挂线，如图作引拔。

11

完成第 1 行。线头暂不处理，直接继续钩织 p.60 的逆短针。

○钩织逆短针（编织图解符号为 $\tilde{\times}$）

1

从 p.59 最后一针的青色线处接上。先在钩针上挂线拉出，钩织 1 针锁针的起立针。

2

在步骤 **1** 的右侧相邻短针的针目中插入钩针，挂线拉出。

3

再次在钩针上挂线拉出。完成 1 针逆短针。

4

继续在步骤 **3** 的右侧相邻短针的针目中插入针，拉出线，再次钩针挂线拉出。完成 2 针逆短针。

5

重复步骤 4，钩织 1 圈。

6

将钩针插入步骤 3 的针目，拉出线。

7

钩针挂线，如图拉出。

8

断线，如图拉出。

9

处理线头。用缝针穿起线，挑着逆短针的背面穿过，拉出线。缝针要按逆短针的钩织方向来穿行。

10

缘编完成啦！

最后刺破短针的针目，向下插入缝针，拉出线。剪掉多余线头。

5 制作提手

包的提手采用钩针往返钩织，为了增加强度，可在提手中间夹缝彩色织袋。
＊为了示范更清楚，照片中更换了毛线颜色。

○使用短针钩织提手（编织图解的符号为×）

1

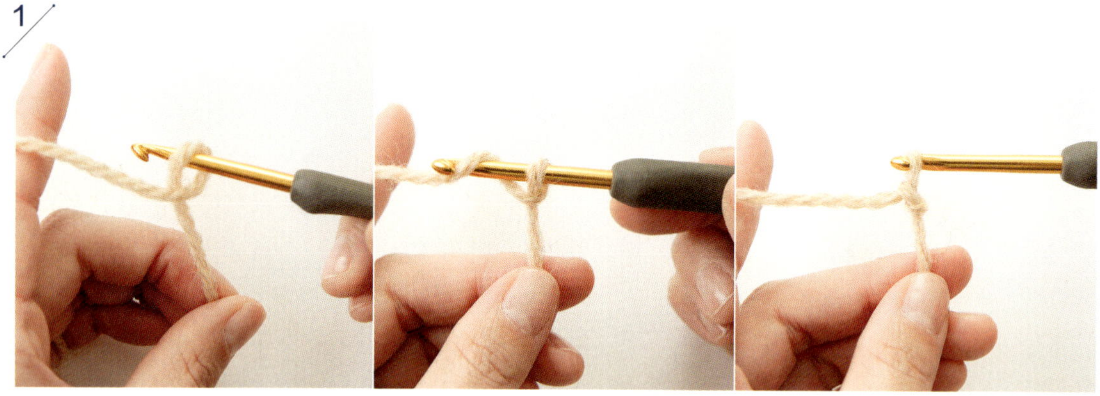

为往返钩织的钩针织片起针。先钩锁针起针。如图所示在针上挂线拉出。

2

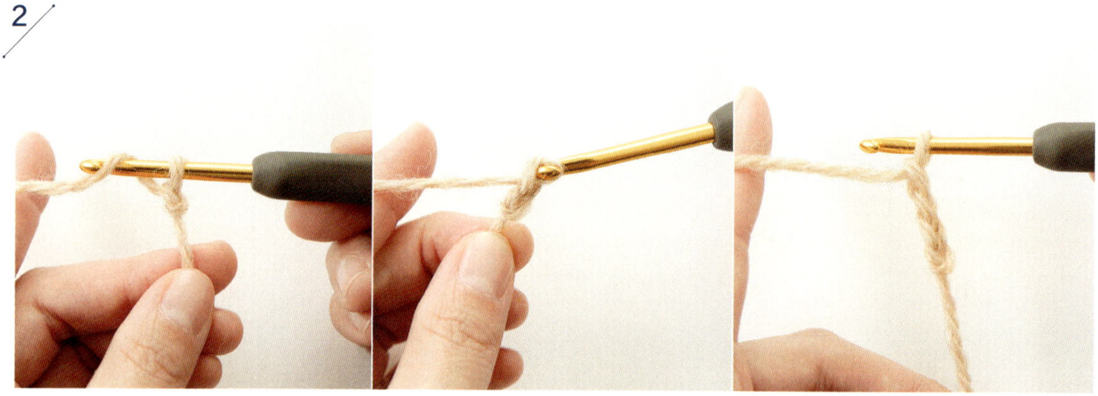

继续钩 3 针锁针。

3

再钩 1 针锁针的起立针。

4

在 1 针锁针的起立针的相邻针目入针，挂线拉出。

5

钩针再次挂线，一次性拉出。完成 1 针短针。

6

重复步骤 **4**、**5** 钩 3 针。完成第 1 行。

7

翻转织片至反面。

8

钩 1 针锁针的起立针。

9

在起立针锁针相邻的针目中入针挂线拉出。

10

钩针再次挂线，一次性拉出。完成 1 针短针。

11

如图钩织了 3 针。完成第 2 行。

12

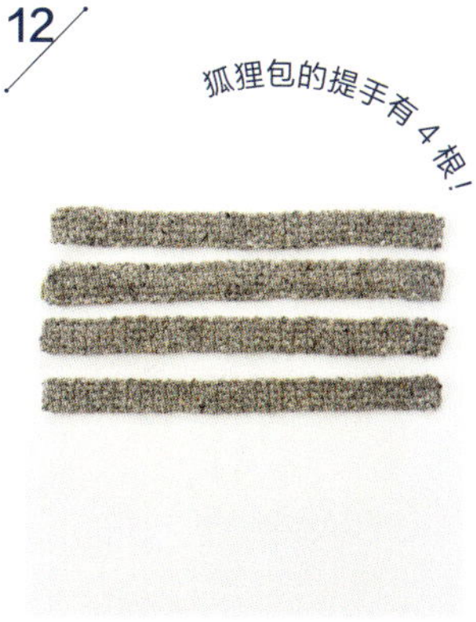

重复步骤 **3** ~ **11**，钩织至指定行数，按指定的数量来制作提手。

○夹缝手工艺用彩色织带

1

手工艺用彩色织带（以下简称彩色织带）比提手织片的两端各长出 5mm，剪断。按中间、左右两端的顺序用珠针固定。

2

接着用珠针密集地固定。

3

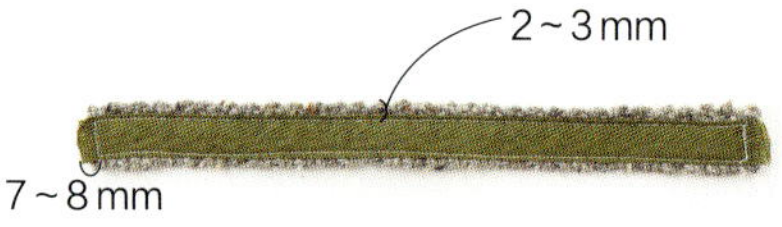

一边拆除珠针一边用缝纫机沿彩色织带边缘车缝一周（上下留 2 ~ 3mm，左右留 7 ~ 8mm 缝份）。

4

在未与彩色织带缝合的提手织片背面穿入缝针，固定缝线的起点。用于卷缝的线，应使用与编织提手相同的毛线。将两根提手对齐，使缝好彩色织带的那一面位于内侧，挑取边缘第 1 针拉出线。

5

接着挑第 2 针拉出线。

6

如图继续卷缝至末端。另一边同样作卷缝。

7

提手完成啦！

再制作相同提手 1 根。

○临时固定提手

1

测量袋口尺寸。

此时同步测量包体尺寸。将尺子伸入袋内，测量两侧及中间共 3 处的尺寸。按最大尺寸制作内袋。

2

参照提手定位图，在袋口尺寸中点插入珠针，按指定间距用珠针标记位置。

3

提手两端各往袋口内侧收进 2cm，用珠针固定。

4

用疏缝线固定。

5

另一侧用相同方法处理。

提手临时固定好啦！

6 安装内袋

用喜欢的布料制作内袋，放入包内与提手一起用缝纫机缝合。内袋可增强包的强度，更方便使用。

○制作内袋

1

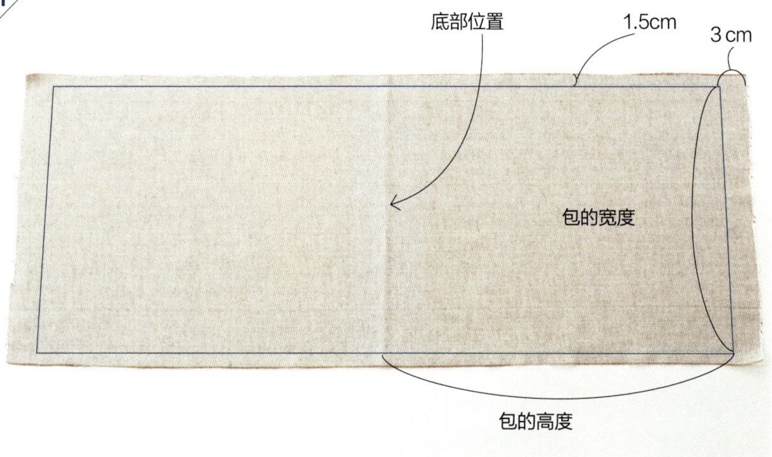

根据 p.65 测量的包的尺寸制作内袋。用裁缝标记笔将包的尺寸画在布上（图中蓝线），两侧各加 1.5cm 的缝份，袋口加 3cm 的缝份。

2

将布料沿底部正面相对对折，两侧（虚线）用缝纫机缝合。

3

底部两端各剪掉三角。

4

使用熨斗将缝份向外折倒。

5

另一侧的缝份也用熨斗向外折倒。

6

将袋口的翻折边向外翻折，用熨斗熨平。

即将完成！

7

内袋制作完毕。

○安装内袋

1

将内袋放入包内，对齐两侧，用珠针固定。

2

用珠针固定提手与内袋。

3

继续沿边缘一周用珠针固定防止移位。

4

注意珠针针尖位置，用疏缝线固定后移除珠针。

5

沿内袋边缘内侧 5mm 处用缝纫机缝合。此时需同时缝合内袋、包体和提手。提手部位较厚，需放慢缝纫速度来车线。

6

拆除所有疏缝线。难以拆除时可使用拆线器。

7

完成啦！

狐狸包制作完成。

绕线团的方法

当一团毛线需要用于多处配色编织花样时，可以将它绕成小线团分装使用。

1

如图将毛线绕在大拇指上。

2

以 8 字形方式绕在小指上。

3

重复步骤 **1**、**2**。

4

缠绕约 20 圈后剪断毛线。

5

用剪断的线在毛线束中心缠绕 3 圈左右。

6

将线头穿入缠绕的线圈中固定。

7

将毛线束从手指上取下。

8

毛线团制作完成。拉动外露的线头时，缠绕的毛线会从线团中被抽出。

编织图解与刺绣图解

虽然每个作品的毛线粗细、刺绣方法、包的尺寸和提手长度各不相同，但所有作品的制作方法基本与 p.39 ~ p.67 的狐狸包相同。
担心自己能否完成的读者，可以先从小作品开始制作，等熟练后再挑战大作品。
请务必尝试做出一个专属于自己的动物包。

02 兔子 | Rabbit | →p.7

工具和材料

线材 / A：DARUMA / GENMOU（15）柠绿 75g
B：DARUMA / GENMOU（16）沙米色 5g
C：DARUMA / GENMOU（8）浅灰色 5g
D：Rich More / spectre modem（46）黑色 10g
E：Rich More / spectre modem（56）深灰色 5g
F：DARUMA / MERINO DK（23）珊瑚色 5g
G：Rich More / spectre modem（32）红色 5g

针 / 2 支装的直棒针（日本 8 号 =4.5mm）
钩针（日本 6/0 号 =3.5mm）

其他 / 内袋用布 27cm×66cm，彩色织带宽 1.5cm 长 109cm

编织密度

17 针 24 行（10cm×10cm）

尺寸

宽 24cm× 高 30cm× 长肩带 104cm

编织方法

所有毛线使用单根线编织。

- 使用手指绕线起针法起 43 针（起针行 = 第 1 行），前片从第 2 行开始使用纵向渡线的方法进行配色编织。后片使用 A 线编织 72 行平针。
- 完成的织片先用蒸汽熨斗整烫，再进行刺绣。
- 前后片的底部先作平针接合，再用蒸汽熨斗整烫。
- 两条侧边作挑针缝合，形成袋状。袋口使用 A 线制作缘编。
- 长肩带使用 A 线编织，夹缝彩色织带，提手的两条侧边作卷针缝合。
- 用疏缝线将长肩带固定在包体的两侧。
- 用缝纫机将内袋布料缝制成袋状，再用缝纫机将其缝合到包体上。最后拆除所有疏缝线。

○刺绣图解

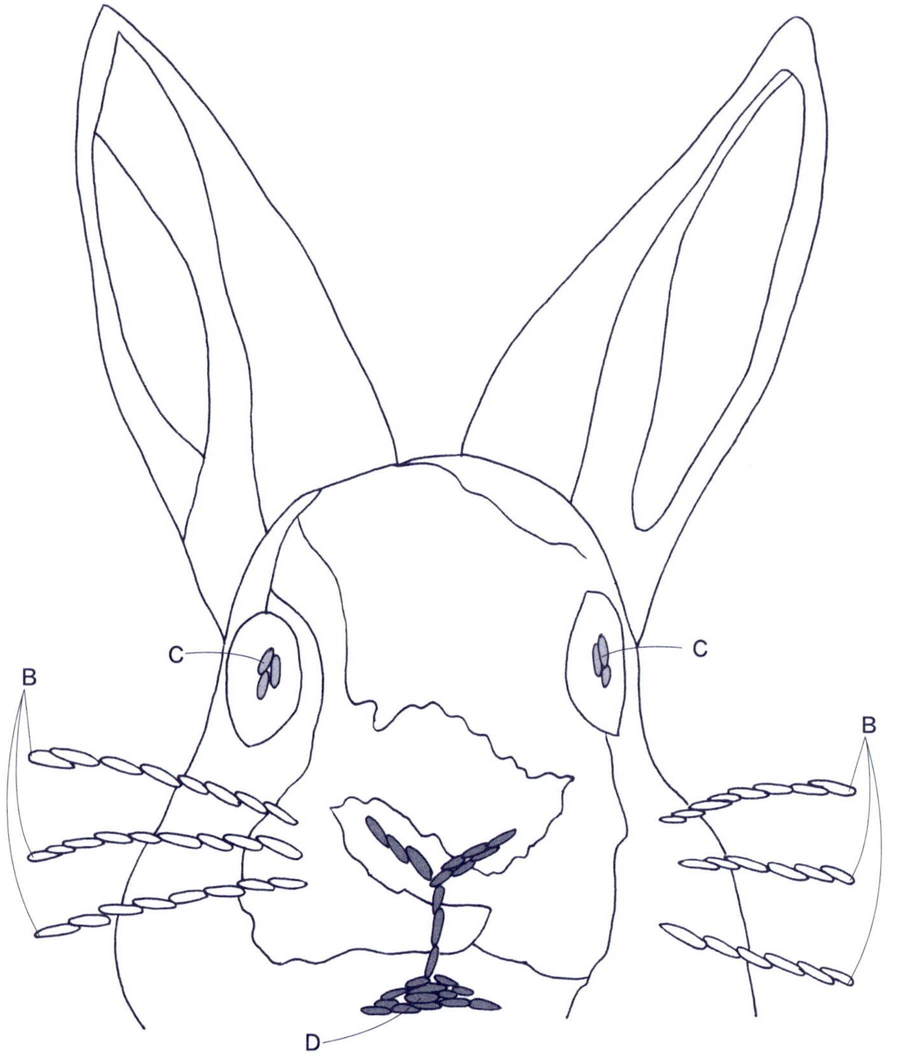

○内袋

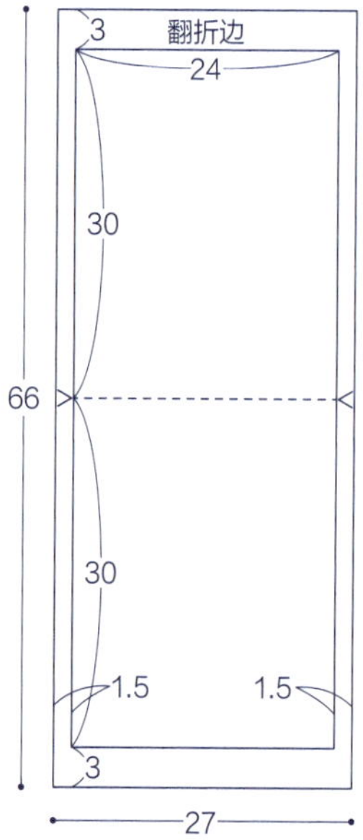

○长肩带

使用短针编织 2 根肩带。

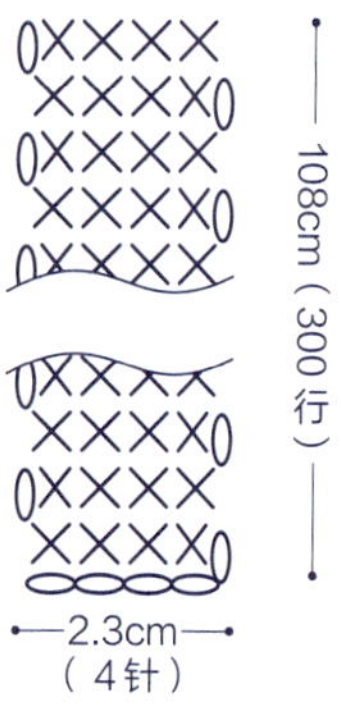

○包体（前片）

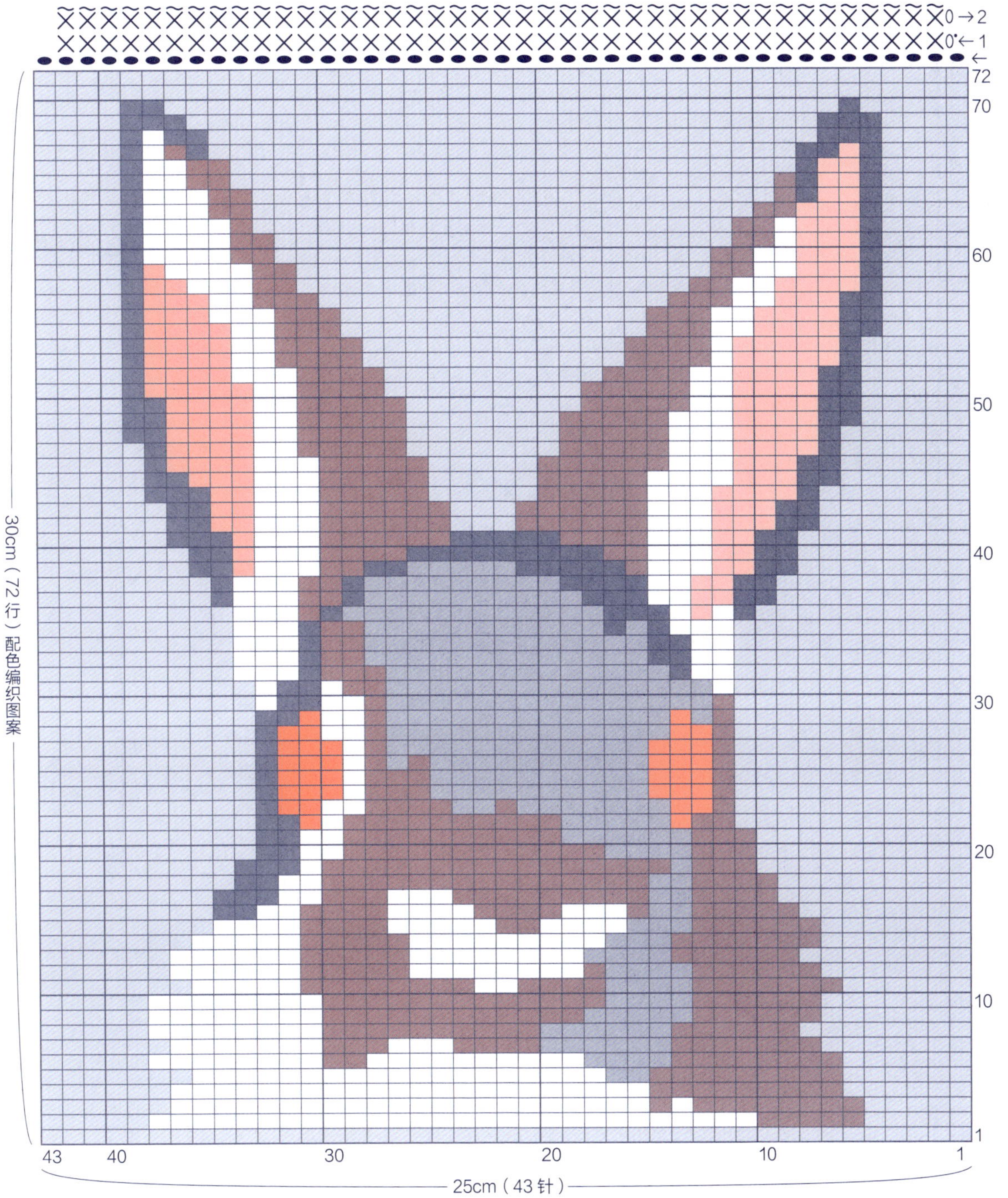

□ = □I 下针

配色
= A（柠绿）
= B（沙米色）
= C（浅灰色）
= D（黑色）
= E（深灰色）
= F（珊瑚色）
= G（红色）

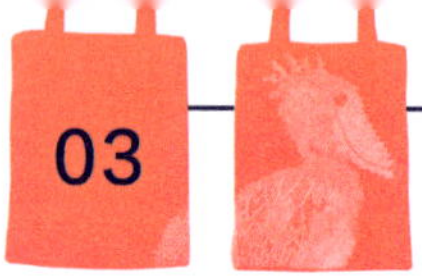

鲸头鹳

Shoebill

→ p.8

工具和材料

线材 / A：Puppy / BRITISH EROIKA（205）木纹黑 180g
B：Puppy / Julika Mohair（302）米色 2 g
C：Puppy / BRITISH EROIKA（200）粉米色 13g
D：Puppy / Julika Mohair（311）玫瑰灰 7 g
E：Puppy / BRITISH EROIKA（178）蓝灰 13g
F：Puppy / BRITISH EROIKA（120）灰色 10g
G：Puppy / BRITISH EROIKA（161）焦茶 2 g
H：Puppy / PELAGE（1311）柔雾灰 5 g
I：Puppy / BRITISH EROIKA（203）山吹色 5g
（译者注：山吹色为日本传统色中的一种鲜艳的金黄色，名称来源于蔷薇科植物棣棠花）
J：Puppy / BRITISH EROIKA（180）粉色 5 g
K：Puppy / BRITISH EROIKA（184）孔雀蓝 2 g

针 / 2 支装的直棒针（日本 9 号 =4.8mm）
钩针（日本 7/0 号 =4mm）

其他 / 内袋用布 33cm × 76cm，彩色织带宽 2cm 长 132cm

编织密度

16 针 23 段（10cm × 10cm）

尺寸

宽 30cm × 高 35cm × 提手 61cm

编织方法

所有毛线使用单根线编织。

- 使用手指绕线起针法起 49 针（起针行 = 第 1 行），前后片都从第 2 行开始使用纵向渡线的方法进行配色编织。
- 完成的织片先用蒸汽熨斗整烫，再进行刺绣。
- 前后片的底部先作平针接合，再用蒸汽熨斗整烫。
- 两条侧边作挑针缝合，形成袋状。袋口使用 A 线挑针，重复“每钩 7 针短针，钩 1 针短针的 2 并 1”，共减 10 针。
- 提手使用 A 线编织，夹缝彩色织带，提手的两条侧边作卷针缝合。
- 用疏缝线将提手固定在包体的指定位置。
- 用缝纫机将内袋布料缝制成袋状，再用缝纫机将其缝合到包体上。最后拆除所有疏缝线。

○内袋

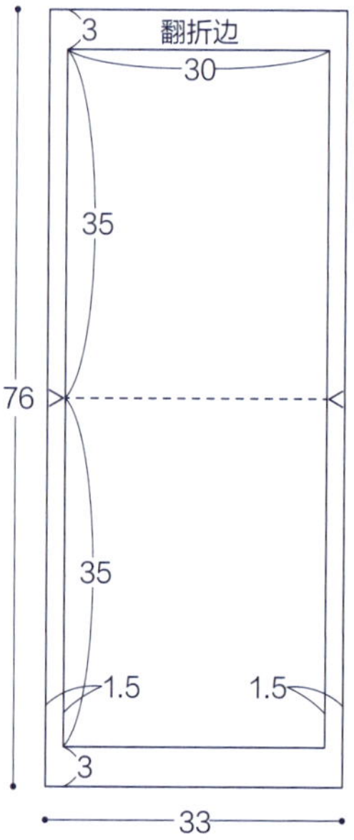

○提手

使用短针编织 4 根提手。

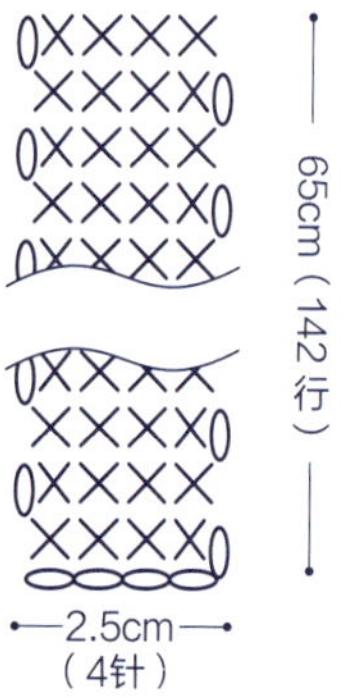

○提手的位置

将提手夹在织片与内袋之间缝合固定。

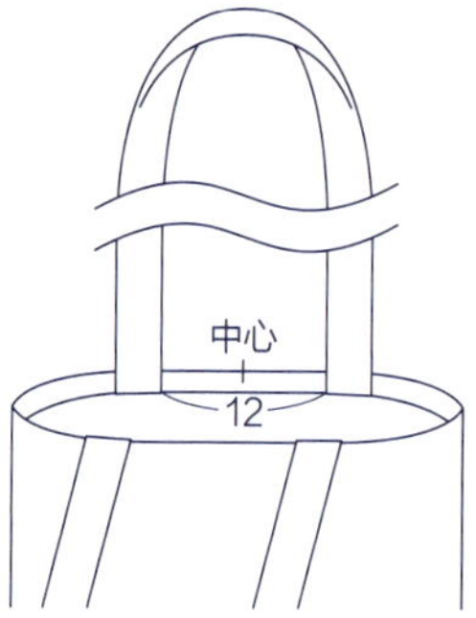

○包体（后片）

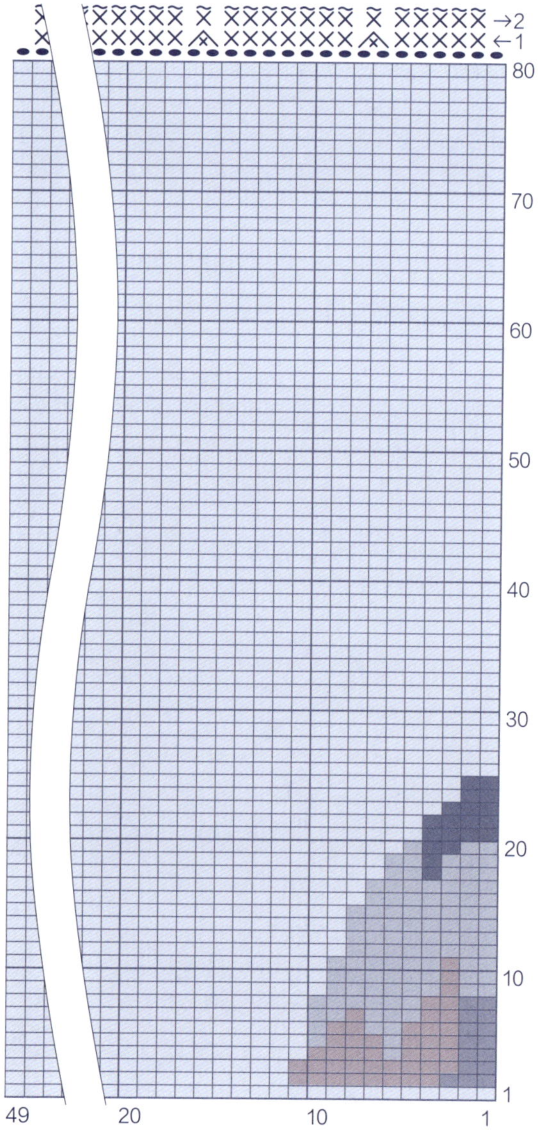

○刺绣图解

前后片分开作刺绣。
除了 H 线使用单根线刺绣，其他颜色的线都需要拆股去掉 1 股，使用剩下的 2 股线作刺绣（参照 p.54）。

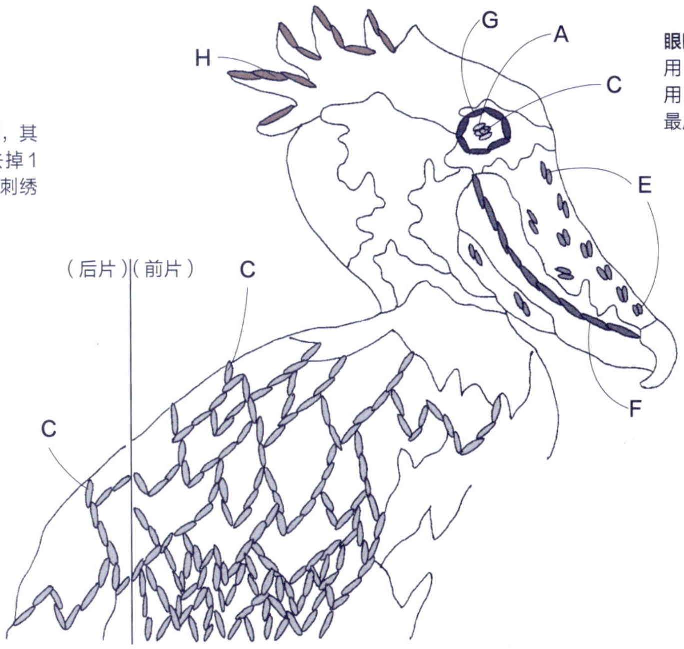

眼睛的刺绣方法

用 G 线绣出圆形的眼眶，
用 A 线绣出瞳孔（眼睛的中心）。
最后用 C 线加入细小的光点（高光）。

○包体（前片）

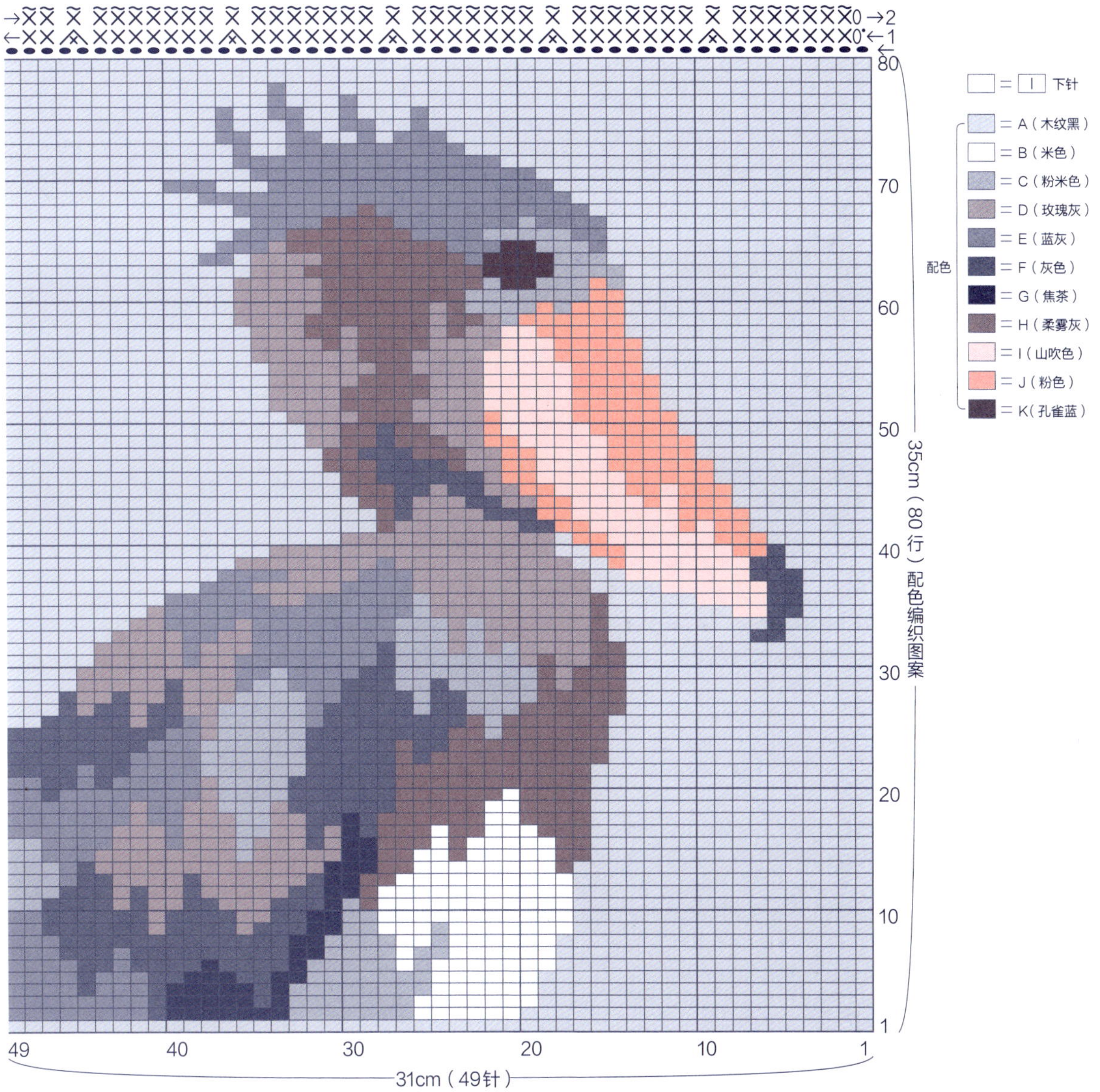

04

小企鹅

Baby penguin

→ p.9

工具和材料

线材 / A：DARUMA / Soft Tam（17）番茄红 75g

B：DARUMA / Soft Tam（10）浅灰色 5 g

C：DARUMA / Spanish Merino（ 1 ）原色 6 g

D：DARUMA / Spanish Merino（ 5 ）浅灰色 6 g

E：DARUMA / Spanish Merino（ 7 ）黑色 6 g

F：Puppy / PELAGE（1311）柔雾灰 5 g

针 /　2 支装的直棒针（日本 12 号 =5.7mm）

钩针（日本 9/0 号 =5.5mm）

其他 / 内袋用布 22cm × 58cm，彩色织带宽 2cm 长 116cm

编织密度

13.5 针 18 行（10cm × 10cm）

尺寸

宽 19cm × 高 26cm × 长肩带 111cm

编织方法

所有毛线使用单根线编织。

- 使用手指绕线起针法起 27 针（起针行 = 第 1 行），前片从第 5 行开始使用纵向渡线的方法进行配色编织。后片使用 A 线编织 48 行。
- 完成的织片先用蒸汽熨斗整烫，再进行刺绣。
- 前后片的底部使用平针接合的方式连接。
- 两条侧边作挑针缝合，形成袋状。袋口使用 A 线制作缘编。
- 长肩带使用 A 线编织，夹缝彩色织带，提手的两条侧边作卷针缝合。
- 用疏缝线将长肩带固定在包体的两侧。
- 用缝纫机将内袋布料缝制成袋状，再用缝纫机将其缝合到包体上。最后拆除所有疏缝线。

○刺绣图解

○内袋

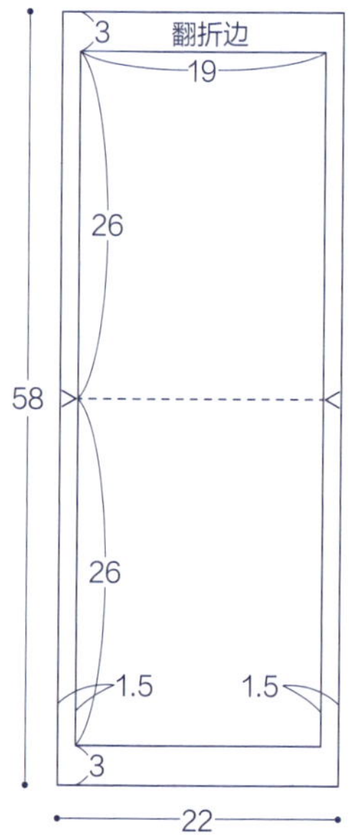

○长肩带

使用短针编织 2 根肩带。

○包体（前片）

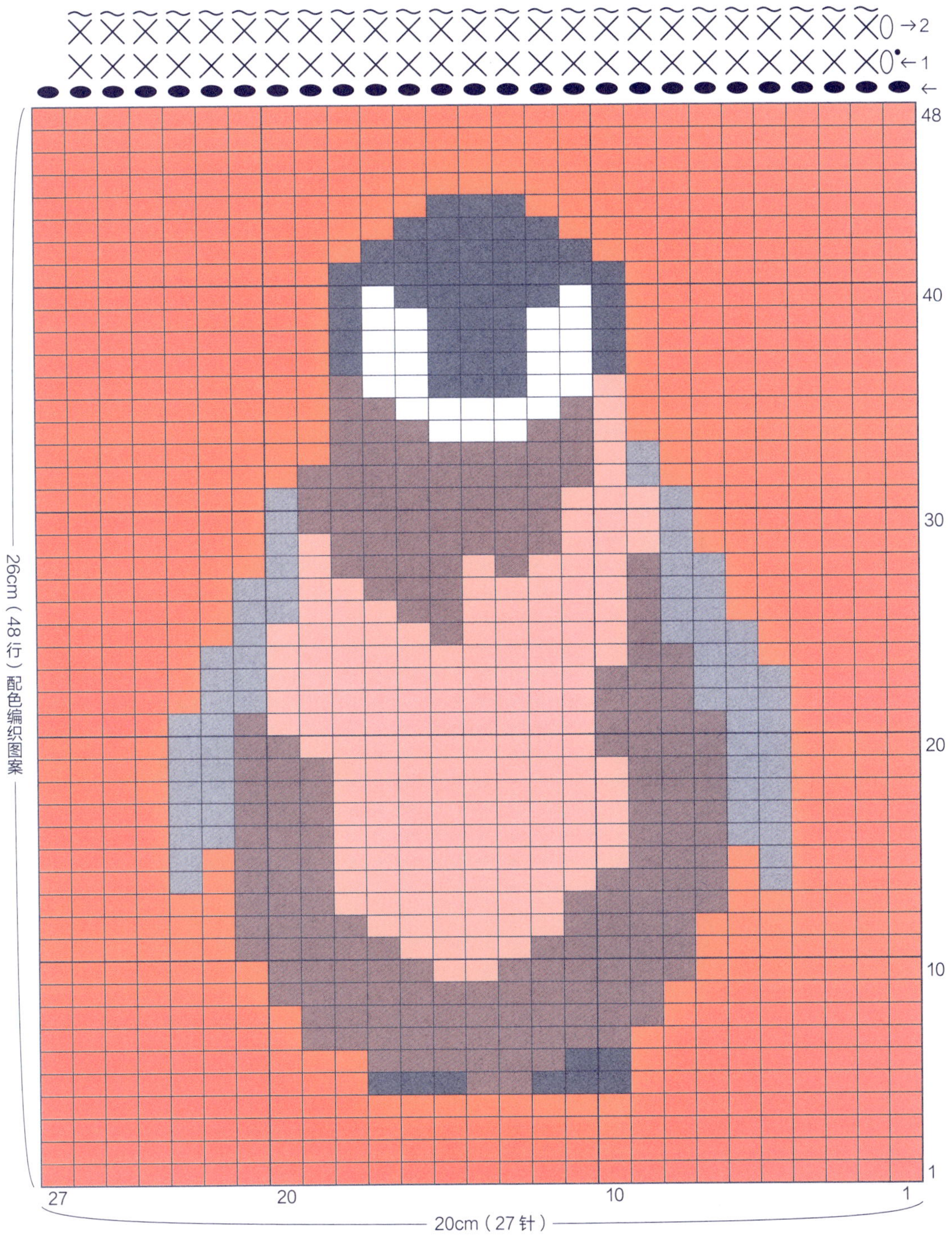

□ = | 下针

配色
- = A（番茄红）
- = B（浅灰色）
- = C（原色）
- = D（浅灰色）
- = E（黑色）
- = F（柔雾灰）

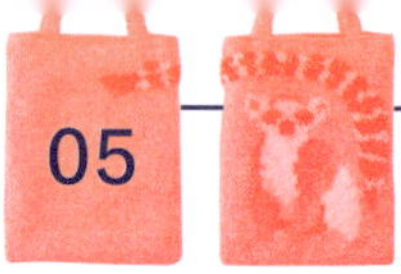

05

环尾狐猴 | Ring-tailed lemur | →p.10

工具和材料

线材 / A：Puppy / British Fine（85）荧光粉 45g
Puppy / British Fine（21）米色 45g
B：Puppy / Julika Mohair（301）象牙白 6g
C：Puppy / British Fine（1）灰白 3g
D：Puppy / British Fine（40）沙米色 6g
E：Puppy / Julika Mohair（311）玫瑰灰 3g
F：Puppy / British Fine（24）灰茶 3g
G：Puppy / British Fine（22）焦茶 1g
H：Puppy / British Fine（8）黑色 1g
I：Puppy / eclatant（705）柔雾米 10g
J：Puppy / eclatant（706）柔雾黑 12g
K：Puppy / British Fine（65）芥末黄 1g

针 / 2 支装的直棒针（日本 8 号 =4.5mm）
钩针（日本 6/0 号 =3.5mm）

其他 / 内袋用布 28cm × 70cm，彩色织带宽 1.5cm 长 64cm

编织密度

18 针 26 行（10cm × 10cm）

尺寸

宽 25cm × 高 32cm × 提手 27cm

编织方法

毛线方面，A 线为 2 种不同色的毛线各取一根合股编织，C、D、F、G、H 线为同色 2 根合股，除此之外均使用单根线编织。

- 使用手指绕线起针法起 47 针（起针行 = 第 1 行），前片从第 5 行，后片从第 63 行开始使用纵向渡线的方法进行配色编织。
- 完成的织片先用蒸汽熨斗整烫，再进行刺绣。
- 前后片的底部先作平针接合，再用蒸汽熨斗整烫。
- 两条侧边作挑针缝合，形成袋状。袋口使用 A 线编织缘编。
- 提手使用 A 线编织，夹缝彩色织带，提手的两条侧边作卷针缝合。
- 用疏缝线将提手固定在包体的指定位置。
- 用缝纫机将内袋布料缝制成袋状，再用缝纫机将其缝合到包体上。最后拆除所有疏缝线。

○内袋

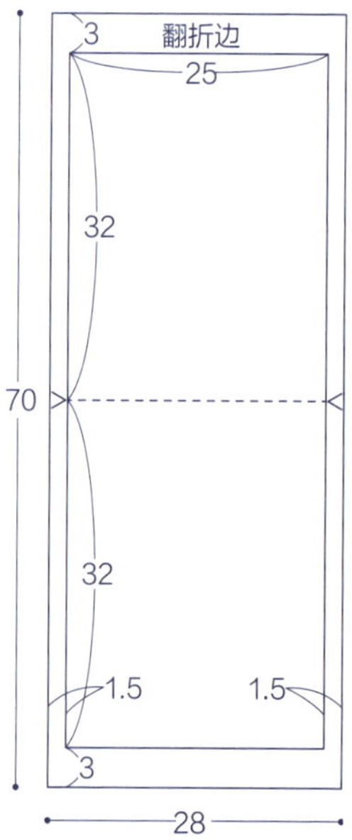

○提手

使用短针编织 4 根提手。

○提手的位置

将提手夹在织片与内袋之间缝合固定。

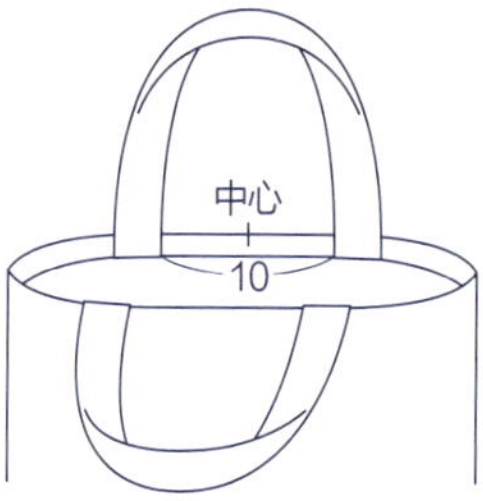

○包体（后片）

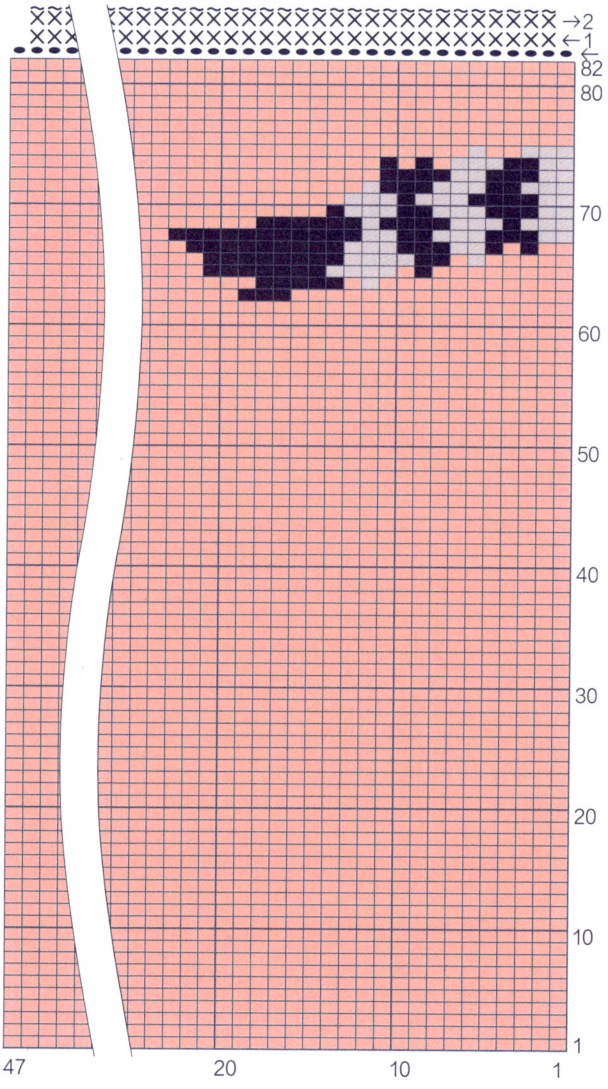

○刺绣图解

所有颜色使用单根线作刺绣。

眼睛的刺绣方法

用 H 线绣出圆形的瞳孔（眼睛中心），再用 K 线刺绣扩展其轮廓。

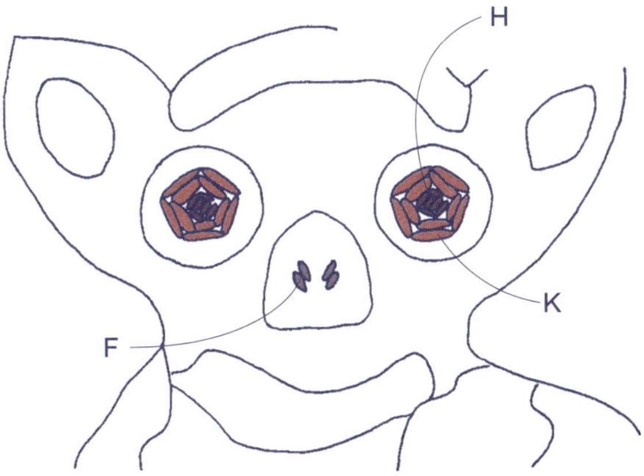

□ = ▯ 下针

配色

- = A（荧光粉）+（米色）
- = B（象牙白）
- = C（灰白）
- = D（沙米色）
- = E（玫瑰灰）
- = F（灰茶）
- = G（焦茶）
- = H（黑色）
- = I（柔雾米）
- = J（柔雾黑）
- = K（芥末黄）

○包体（前片）

松鼠 | Squirrel

→p.11

工具和材料

线材 / A：Puppy / Soft Douegal（5221）灰色 180g
B：Puppy / BRITISH EROIKA（134）灰白 11g
C：Puppy / BRITISH EROIKA（201）赤茶 16g
D：Puppy / BRITISH EROIKA（208）焦茶 9 g
E：Puppy / monarca（903）驼色 3 g
F：Puppy / BRITISH EROIKA（186）橘色 4 g
G：Puppy / BRITISH EROIKA（143）米色 2 g
H：Puppy / BRITISH EROIKA（202）蛋白石绿 1 g
I：Puppy / BRITISH EROIKA（205）木纹黑 5g

针 / 2 支装的直棒针（日本 9 号 =4.8mm）
钩针（日本 7/0 号 =4mm）

其他 / 内袋用布 41cm×82cm，彩色织带宽 2cm 长 142cm

编织密度

15.5 针 21.5 行（10cm×10cm）

尺寸

宽 38cm× 高 38cm× 提手 66cm

编织方法

所有毛线使用单根线编织。

- 使用手指绕线起针法起 60 针（起针行 = 第 1 行），前片从第 7 行开始使用纵向渡线的方法进行配色编织。后片使用 A 线编织 82 行。
- 完成的织片先用蒸汽熨斗整烫，再进行刺绣。
- 前后片的底部先作平针接合，再用蒸汽熨斗整烫。
- 两条侧边作挑针缝合，形成袋状。袋口的缘编使用 A 线挑针，重复“每钩 5 针短针，钩 1 针短针的 2 并 1”，共减 16 针。
- 提手使用 A 线编织，夹缝彩色织带，提手的两条侧边作卷针缝合。
- 用疏缝线将提手固定在包体的指定位置。
- 用缝纫机将内袋布料缝制成袋状，再用缝纫机将其缝合到包体上。最后拆除所有疏缝线。

○刺绣图解

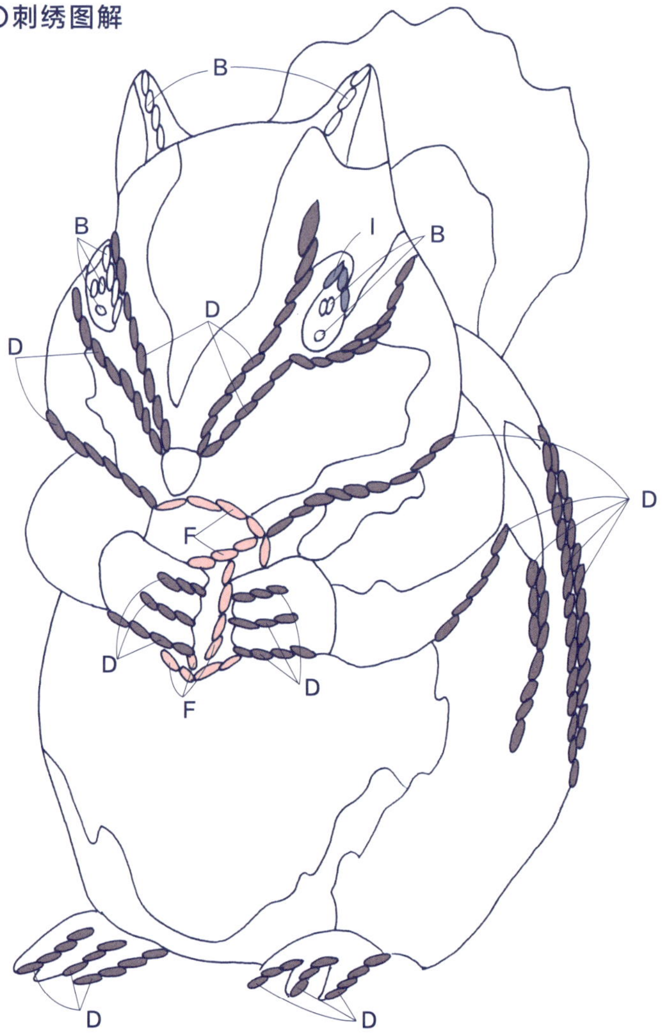

○内袋

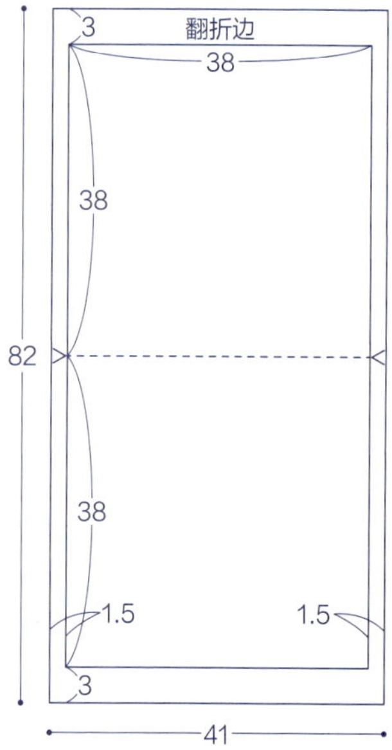

○提手

使用短针编织 4 根提手。

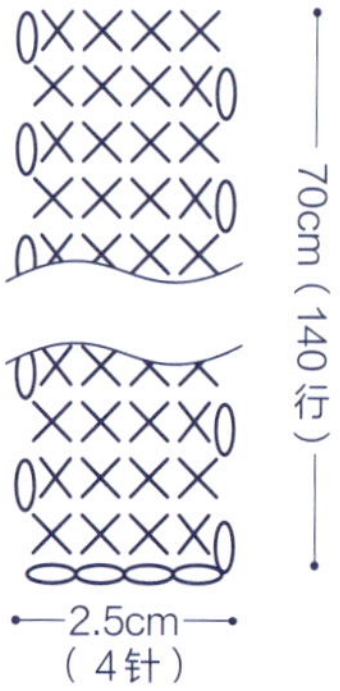

○提手的位置

将提手夹在织片与内袋之间缝合固定。

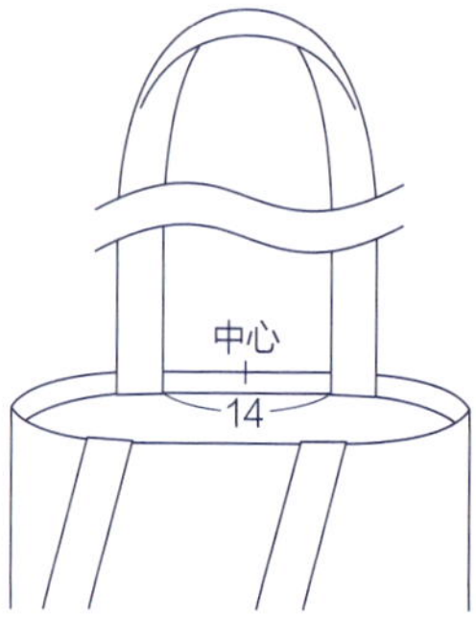

○包体（前片）

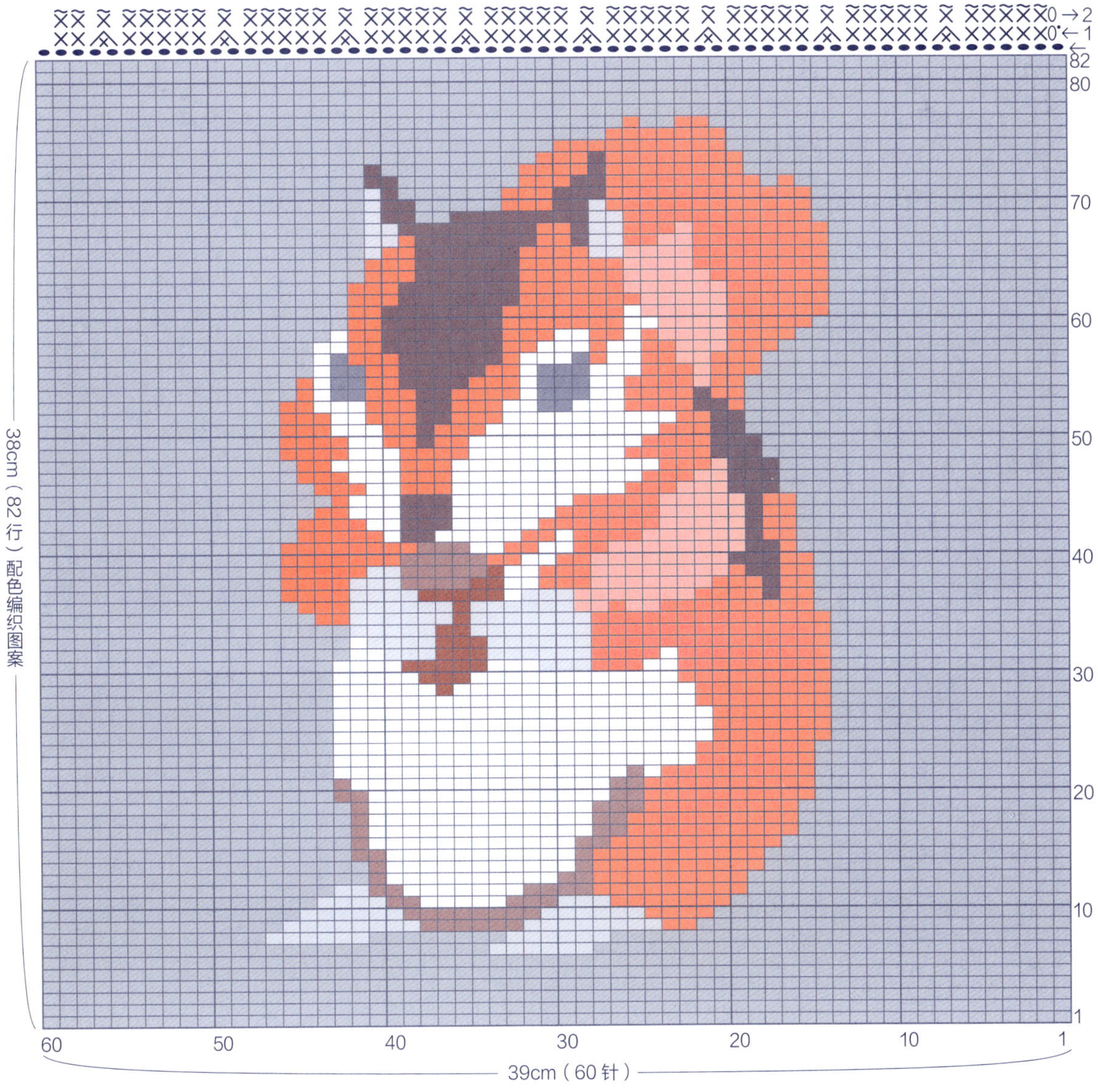

□ = [I] 下针

配色
- = A（灰色）
- = B（灰白）
- = C（赤茶）
- = D（焦茶）
- = E（驼色）
- = F（橘色）
- = G（米色）
- = H（蛋白石绿）
- = I（木纹黑）

鸡尾鹦鹉 | Cockatiel | → p.12

工具和材料

线材 / A：Puppy / QUEEN ANNY（935）绿色 85g
B：Puppy / QUEEN ANNY（831）焦茶 35g
C：Puppy / QUEEN ANNY（991）米灰色 10g
D：Puppy / QUEEN ANNY（853）深绿色 10g
E：Puppy / QUEEN ANNY（934）黄色 5 g
F：Puppy / QUEEN ANNY（988）杏色 5 g
G：Puppy / QUEEN ANNY（869）灰白 5 g
H：Puppy / QUEEN ANNY（954）炭灰色 5 g

针 / 2 支装的直棒针（日本 7 号 =4.2mm）
钩针（日本 6/0 号 =3.5mm）

其他 / 内袋用布 27cm × 68cm，彩色织带宽 1.5cm 长 62cm

编织密度

17 针 24.5 行（10cm × 10cm）

尺寸

宽 24cm × 高 31cm × 提手 26cm

编织方法

所有毛线使用单根线编织。

- 使用手指绕线起针法起 42 针（起针行 = 第 1 行），前片从第 3 行、后片从第 37 行开始使用纵向渡线的方法进行配色编织。
- 完成的织片先用蒸汽熨斗整烫，再进行刺绣。
- 前后片的底部先作平针接合，再用蒸汽熨斗整烫。
- 两条侧边作挑针缝合，形成袋状。袋口使用 A 线制作缘编。
- 提手使用 B 线编织，夹缝彩色织带，提手的两条侧边作卷针缝合。
- 用疏缝线将提手固定在包体的指定位置。
- 用缝纫机将内袋布料缝制成袋状，再用缝纫机将其缝合到包体上。最后拆除所有疏缝线。

○包体（前片）

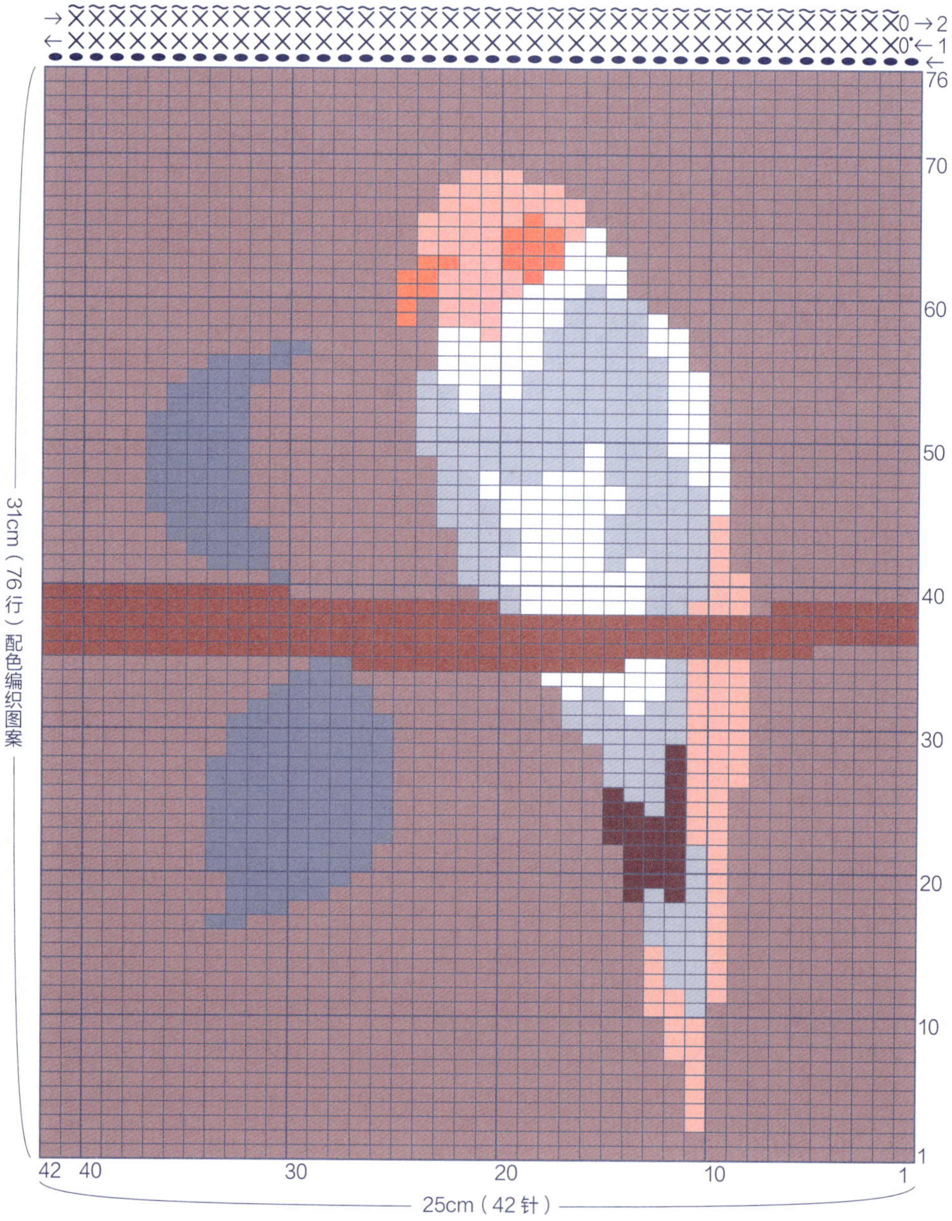

□ = | 下针

配色
- = A（绿色）
- = B（焦茶）
- = C（米灰色）
- = D（深绿色）
- = E（黄色）
- = F（杏色）
- = G（灰白）
- = H（炭灰色）

○刺绣图解

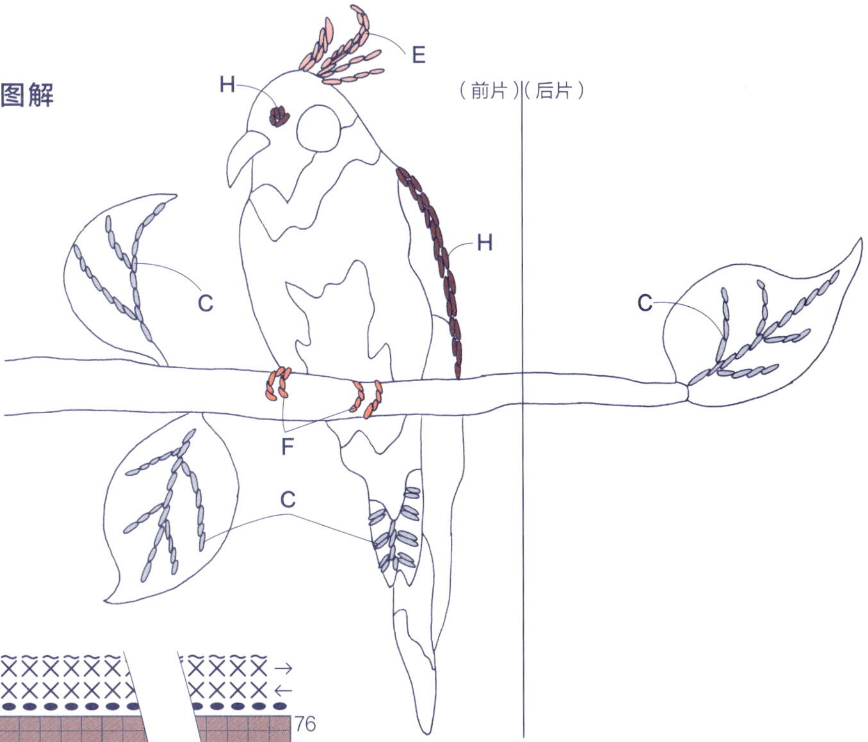

○包体（后片）

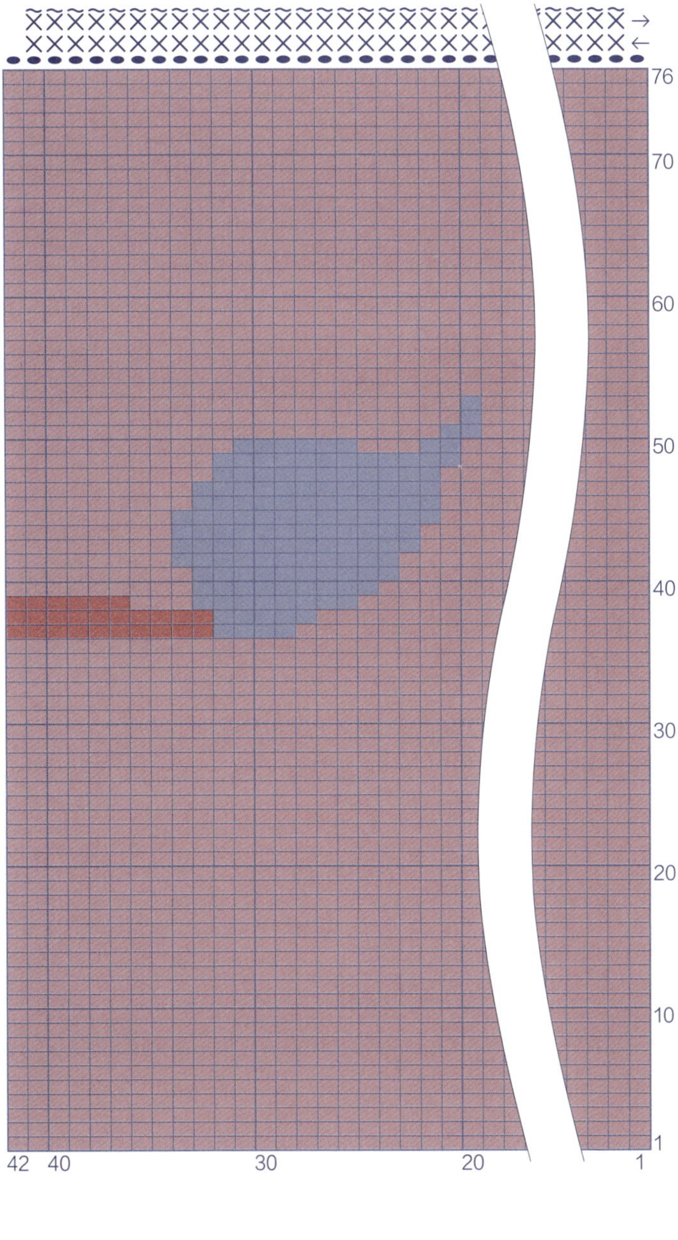

○内袋

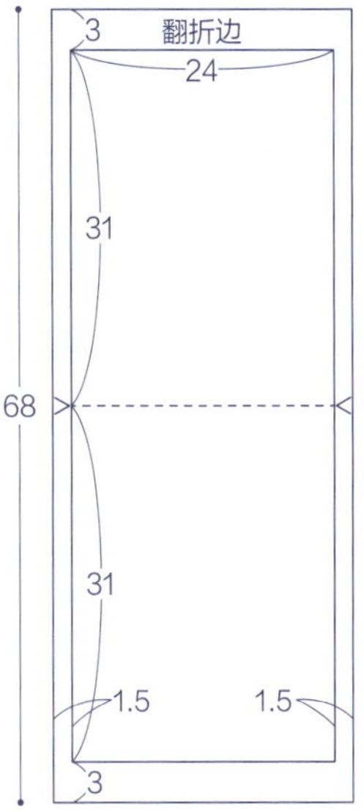

○提手

使用短针编织 4 根提手。

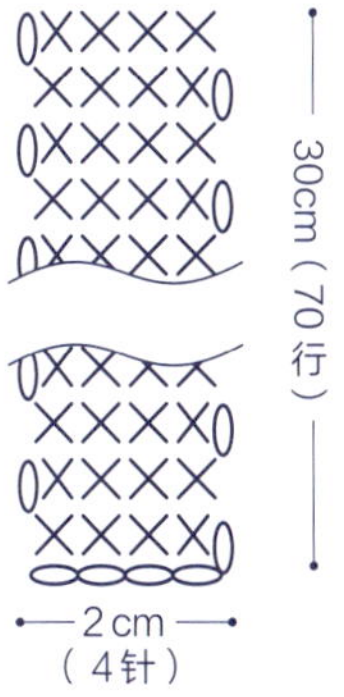

○提手的位置

将提手夹在织片与内袋之间缝合固定。

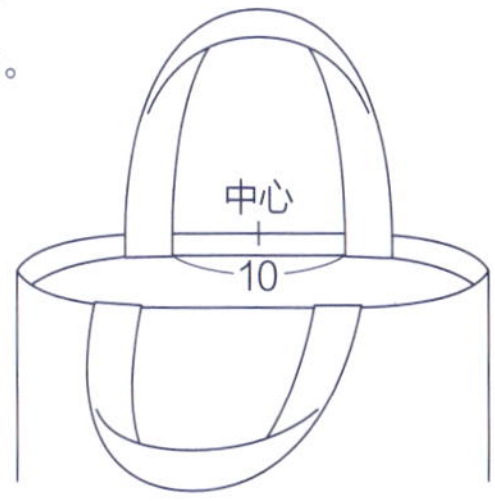

08 刺猬 Hedgehog

→ p.13

工具和材料

线材 / A：Puppy / QUEEN ANNY（933）绛紫 75g
B：Puppy / QUEEN ANNY（991）米灰色 20g
C：Puppy / QUEEN ANNY（833）灰色 15g
D：Puppy / QUEEN ANNY（869）灰白 10g
E：Puppy / QUEEN ANNY（955）象牙白 10g
F：Puppy / QUEEN ANNY（803）黑色 5g

针 / 2 支装的直棒针（日本 7 号 =4.2mm）
钩针（日本 6/0 号 =3.5mm）

其他 / 内袋用布 26cm × 64cm，彩色织带宽 1.5cm 长 62cm

编织密度

16 针 25.5 行（10cm × 10cm）

尺寸

宽 23cm × 高 29cm × 提手 26cm

编织方法

所有毛线使用单根线编织。

- 使用手指绕线起针法起 39 针（起针行 = 第 1 行），前后片都从第 7 行开始使用纵向渡线的方法进行配色编织。
- 完成的织片先用蒸汽熨斗整烫，再进行刺绣。
- 前后片的底部先作平针接合，再用蒸汽熨斗整烫。
- 两条侧边作挑针缝合，形成袋状。袋口使用 A 线编织缘编。
- 提手使用 A 线编织，夹缝彩色织带，提手的两条侧边作卷针缝合。
- 用疏缝线将提手固定在包体的指定位置。
- 用缝纫机将内袋布料缝制成袋状，再用缝纫机将其缝合到包体上。最后拆除所有疏缝线。

○包体（前片）

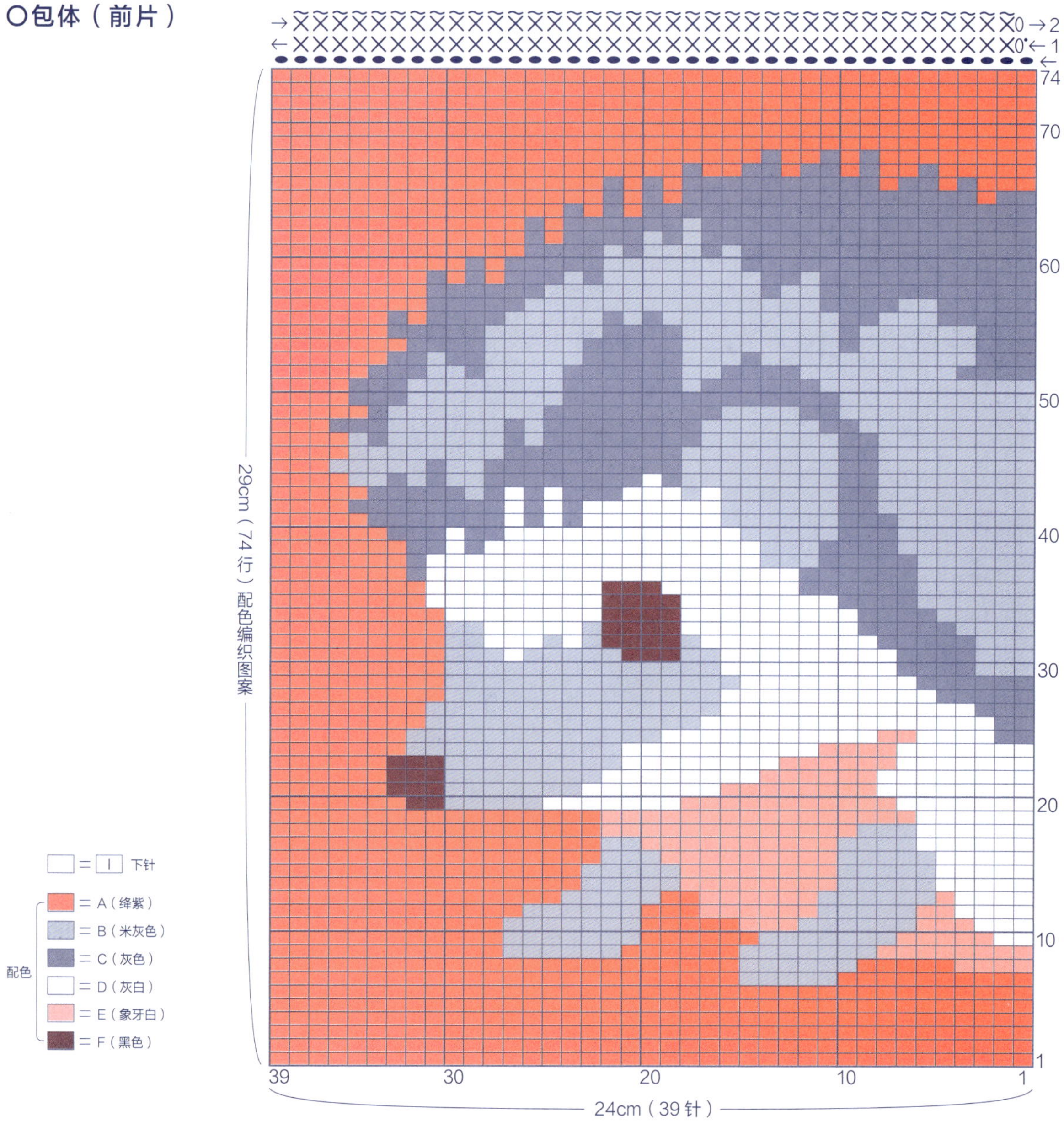

○刺绣图解

前后片分开作刺绣。

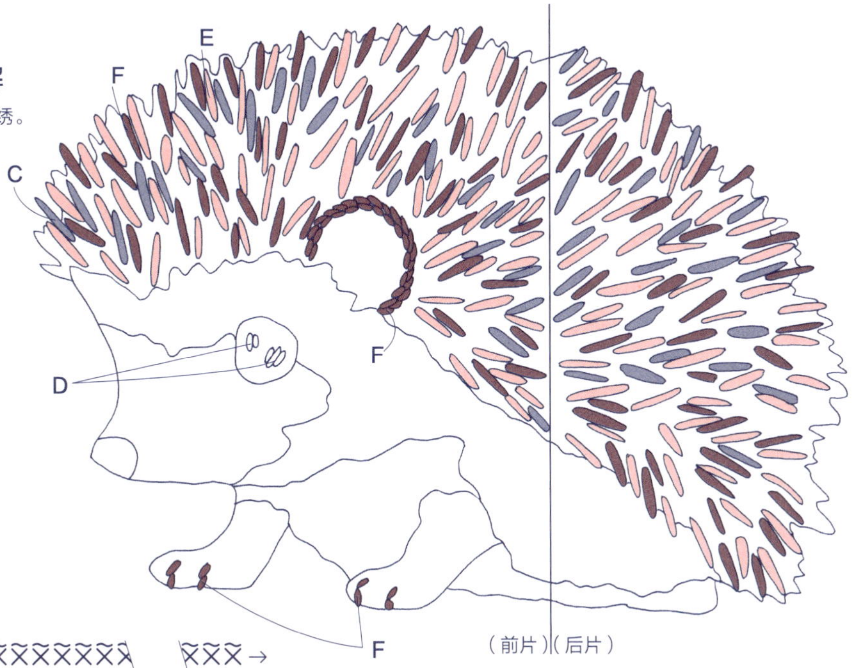

○包体（后片）

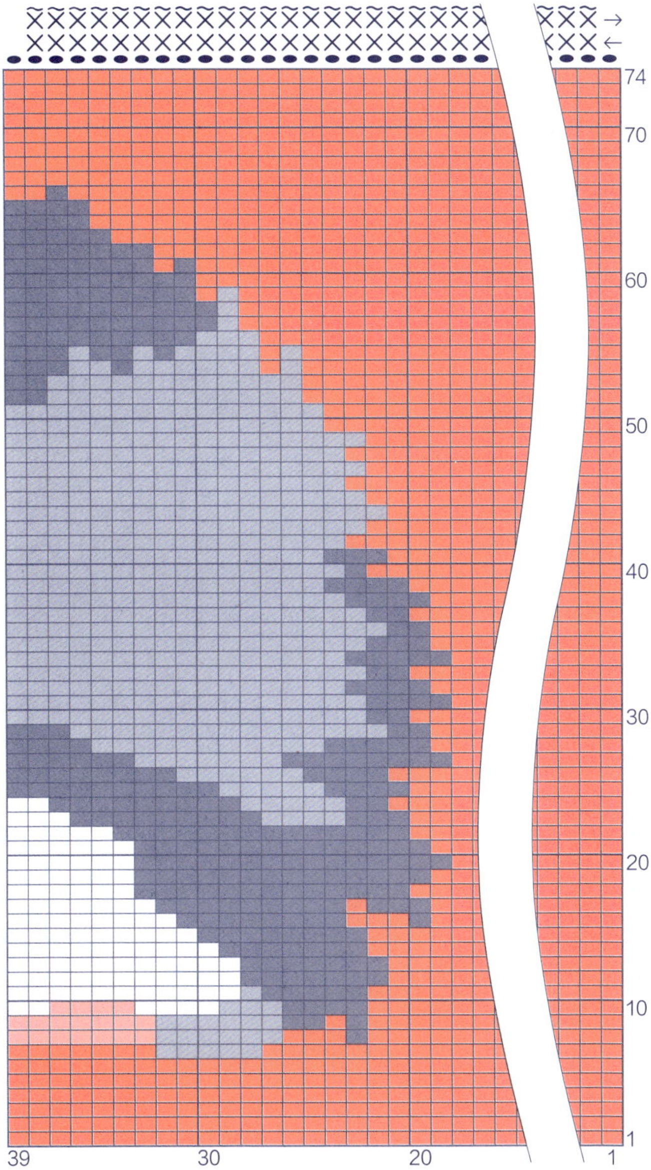

○内袋

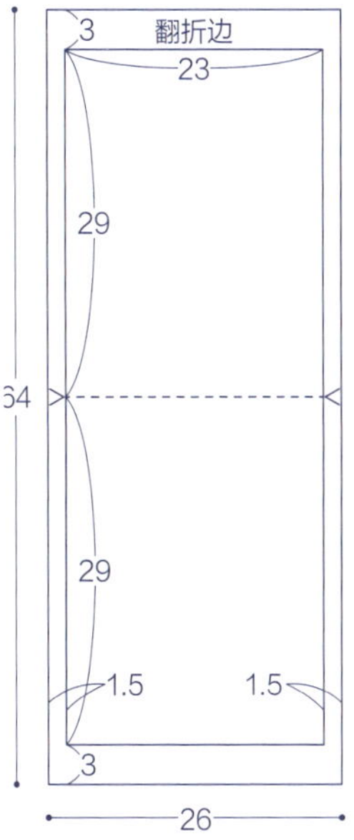

○提手

使用短针编织 4 根提手。

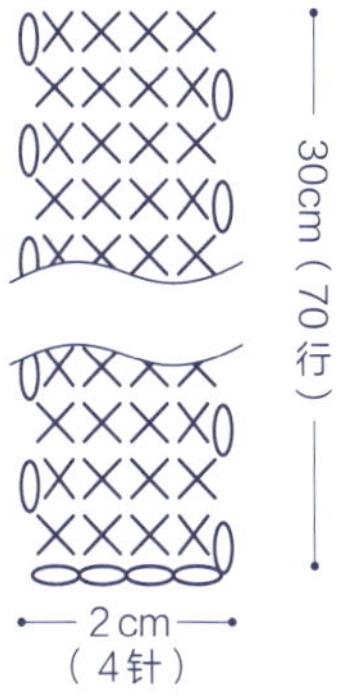

○提手的位置

将提手夹在织片与内袋之间缝合固定。

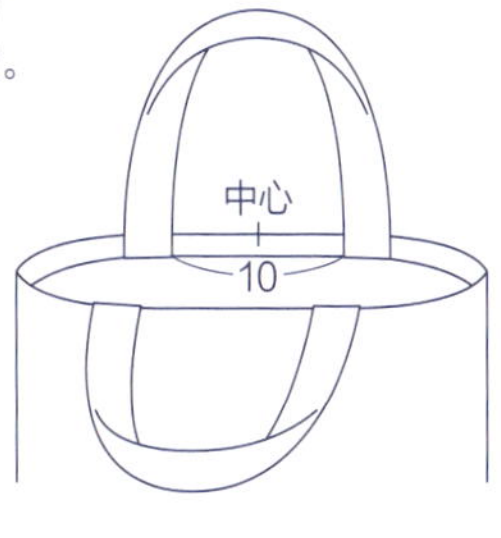

暹罗猫

Siamese cat

→ p.16

工具和材料

线材 / A：Puppy / QUEEN ANNY（967）橘色 105g
B：Puppy / QUEEN ANNY（954）炭灰色 20g
C：Puppy / QUEEN ANNY（869）灰白 15g
D：Puppy / QUEEN ANNY（976）浅米色 15g
E：Puppy / QUEEN ANNY（991）米灰色 10g
F：Puppy / QUEEN ANNY（833）灰色 5 g
G：Puppy / QUEEN ANNY（962）水蓝色 5 g

针 / 2 支装的直棒针（日本 7 号 =4.2mm）
钩针（日本 6/0 号 =3.5mm）

其他 / 内袋用布 30cm×66cm，彩色织带宽 1.5cm 长 86cm

编织密度

17 针 25 行（10cm×10cm）

尺寸

宽 27cm× 高 30cm× 提手 38cm

编织方法

所有毛线使用单根线编织。

- 使用手指绕线起针法起 47 针（起针行 = 第 1 行），前片从第 2 行开始使用纵向渡线的方法进行配色编织。后片使用 A 线编织 74 行。
- 完成的织片先用蒸汽熨斗整烫再进行刺绣。
- 前后片的底部先作平针接合，再用蒸汽熨斗整烫。
- 两条侧边作挑针缝合，形成袋状。袋口使用 A 线制作缘编。
- 提手使用 A 线编织，夹缝彩色织带，提手的两条侧边作卷针缝合。
- 用疏缝线将提手固定在包体的指定位置。
- 用缝纫机将内袋布料缝制成袋状，再用缝纫机将其缝合到包体上。最后拆除所有疏缝线。

○刺绣图解

○内袋

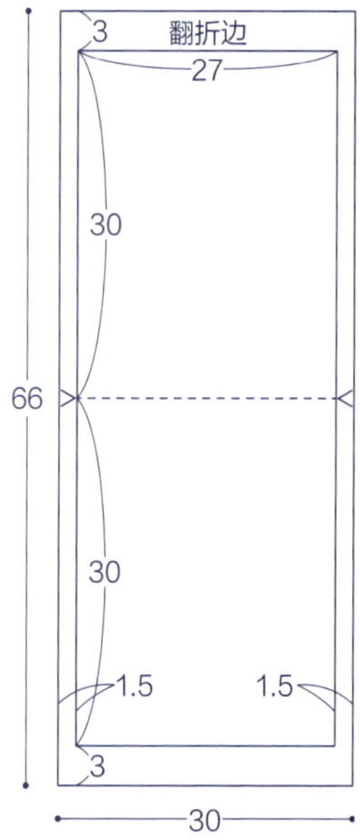

○提手

使用短针编织 4 根提手。

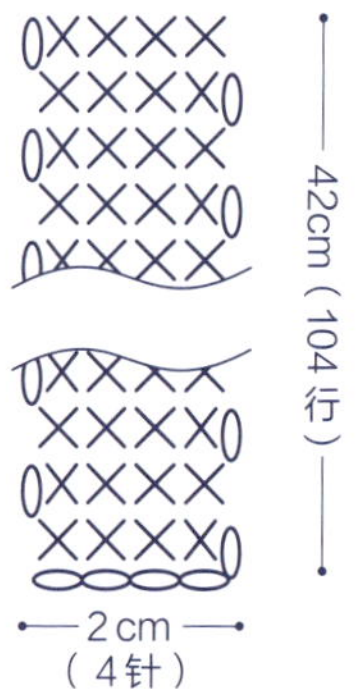

○提手的位置

将提手夹在织片与内袋之间缝合固定。

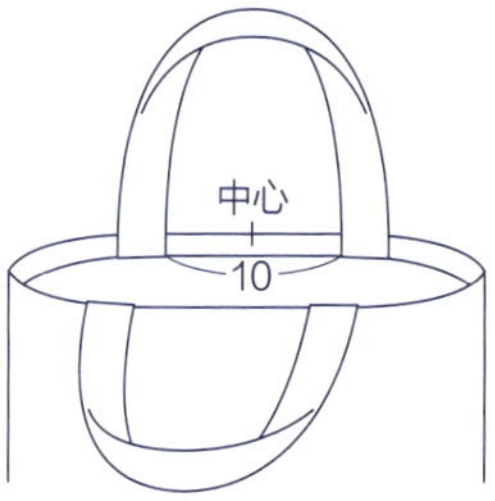

○包体（前片）

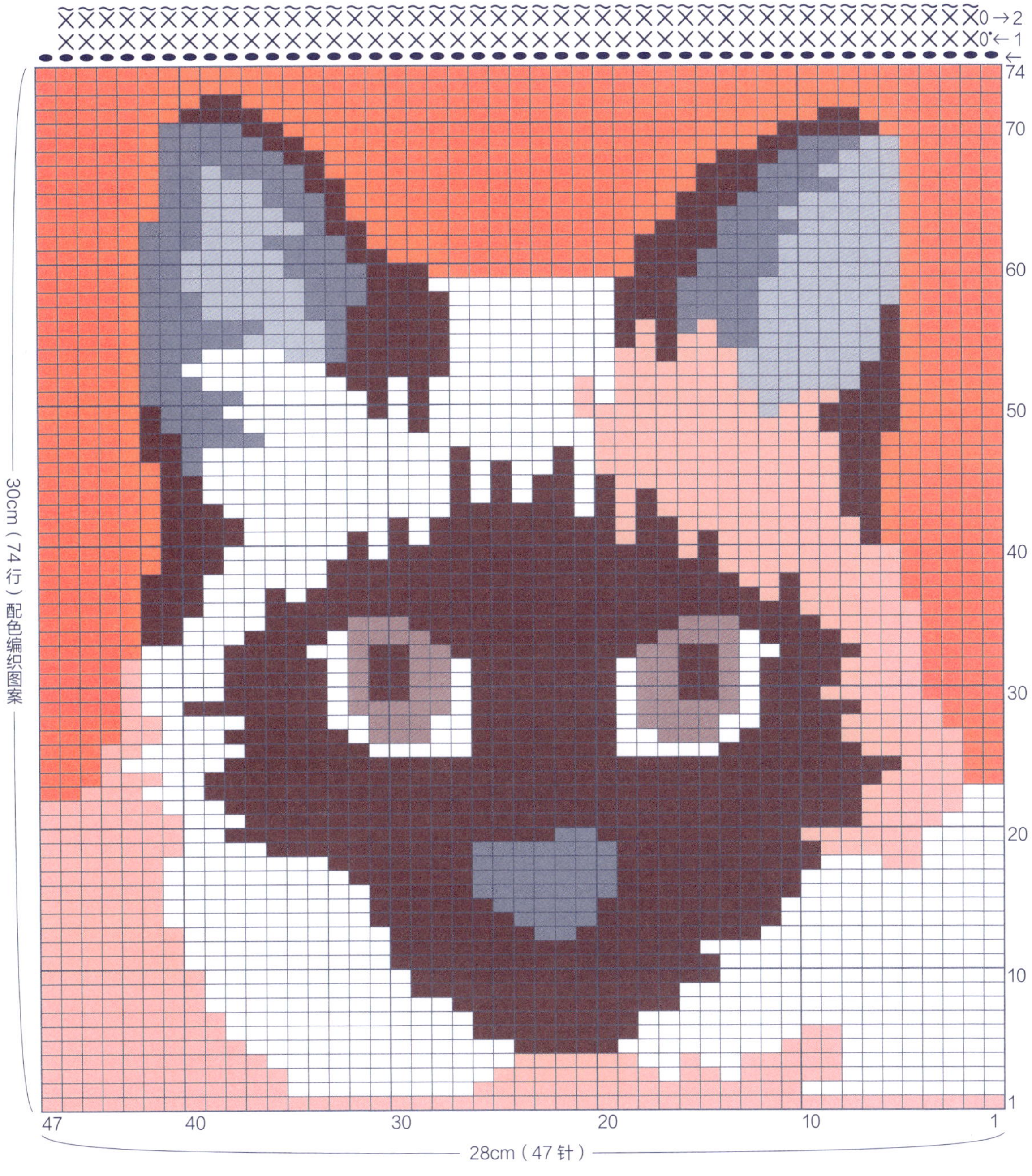

□ = | 下针

配色
- = A（橘色）
- = B（炭灰色）
- = C（灰白）
- = D（浅米色）
- = E（米灰色）
- = F（灰色）
- = G（水蓝色）

三花猫 | Calico cat | →p.17

工具和材料

系 / A：Puppy / Kid Mohair fine（24）黑色 90g
　　Puppy / BRIGHT NO. 2（201）黑色 × 银色 15g
　B：Rich More / spectre modem（1）白色 15g
　C：Rich More / spectre modem（12）驼色 10g
　D：Puppy / British Fine（16）深橄榄绿 10g
　E：Rich More / spectre modem（3）原色 5 g
　F：Rich More / spectre modem（2）浅米色 5 g
　G：Rich More / spectre modem（13）黄绿 5 g

针 / 2 支装的直棒针（日本 9 号 =4.8mm）
　钩针（日本 7/0 号 =4mm）

其他 / 内袋用布 33cm × 78cm，彩色织带宽 2cm 长 80cm

编织密度

16 针 21.5 行（10cm × 10cm）

尺寸

宽 30cm × 高 36cm × 提手 35cm

编织方法

毛线方面，A 线为 3 根 Kid Mohair fine 和 1 根 BRIGHT NO. 2 共 4 根合股的线，D 线为 2 根合股，除此之外均使用单根线编织。

- 使用手指绕线起针法起 50 针（起针行 = 第 1 行），前片从第 3 行开始使用纵向渡线的方法进行配色编织。后片使用 A 线编织 78 行平针。
- 完成的织片先用蒸汽熨斗整烫，再进行刺绣。
- 前后片的底部使用平针接合的方式连接。
- 两条侧边作挑针缝合，形成袋状。袋口使用 A 线编织缘编。
- 提手使用 A 线编织，夹缝彩色织带，提手的两条侧边作卷针缝合。
- 用疏缝线将提手固定在包体的指定位置。
- 用缝纫机将内袋布料缝制成袋状，再用缝纫机将其缝合到包体上。最后拆除所有疏缝线。

○刺绣图解

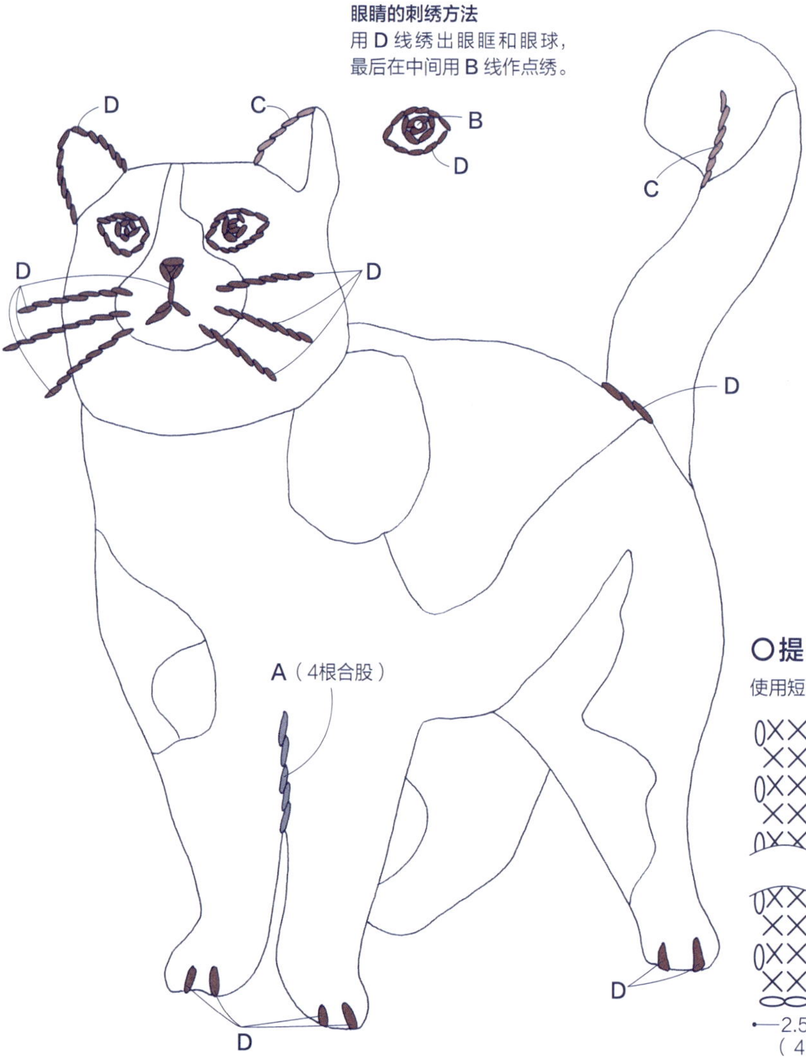

○内袋

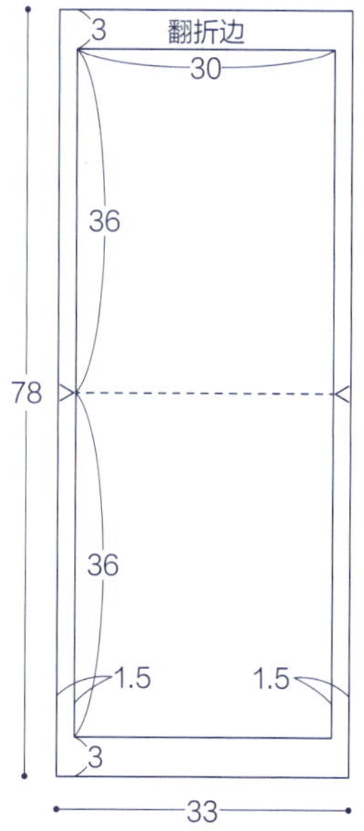

○提手

使用短针编织 4 根提手。

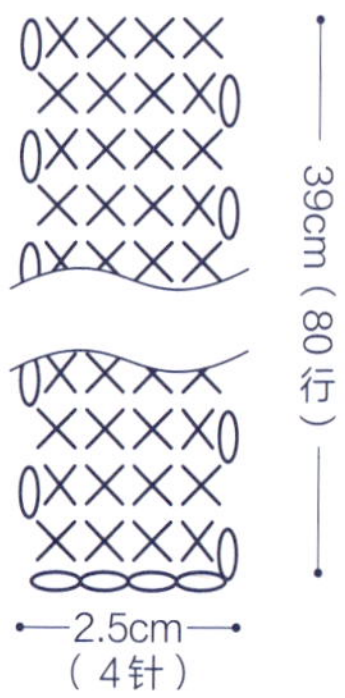

○提手的位置

将提手夹在织片与内袋之间缝合固定。

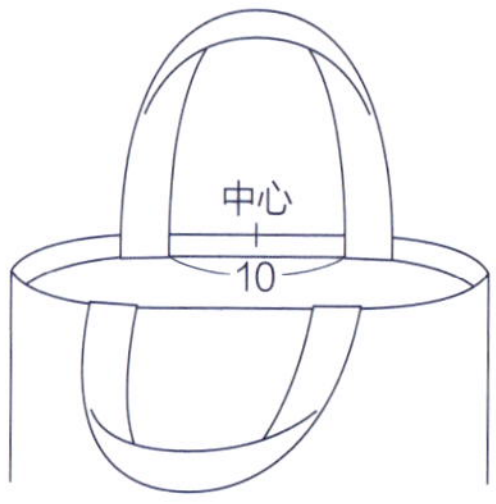

○包体（前片）

□＝| 下针

配色

- ＝A（黑色×银色）
- ＝B（白）
- ＝C（驼色）
- ＝D（深橄榄绿）
- ＝E（原色）
- ＝F（浅米色）
- ＝G（黄绿）

11

熊 | Bear | →p.18

工具和材料

线材 / A：Puppy / BRITISH EROIKA（180）粉色 140g

B：Puppy / PRINCESS ANNY（528）象牙白 13g

※2 根线合股使用

C：Puppy / BRITISH EROIKA（173）灰色米色 10g

D：Puppy / BRITISH EROIKA（192）棕色 10g

E：Puppy / BRITISH EROIKA（161）焦茶 10g

F：Puppy / BRITISH EROIKA（205）木纹黑 5 g

针 /　2 支装的直棒针（日本 9 号 =4.8mm）

钩针（日本 7/0 号 =4mm）

其他 / 内袋用布 33cm×76cm，彩色织带宽 2cm 长 70cm

编织密度

15 针 20.5 行（10cm×10cm）

尺寸

宽 30cm× 高 35cm× 提手 30cm

编织方法

毛线方面，B 线为 2 根线合股，除此之外均使用单根线编织。

- 使用手指绕线起针法起 46 针（起针行 = 第 1 行），前片从第 3 行开始使用纵向渡线的方法进行配色编织。后片使用 A 线编织 72 行平针。
- 完成的织片先用蒸汽熨斗整烫，再进行刺绣。
- 前后片的底部先作平针接合，再用蒸汽熨斗整烫。
- 两条侧边作挑针缝合，形成袋状。袋口的缘编使用 A 线挑针，重复“每钩 6 针短针，钩 1 针短针的 2 并 1”，共减 11 针。
- 提手使用 A 线编织，夹缝彩色织带，提手的两条侧边作卷针缝合。
- 用疏缝线将提手固定在包体的指定位置。
- 用缝纫机将内袋布料缝制成袋状，再用缝纫机将其缝合到包体上。最后拆除所有疏缝线。

○刺绣图解

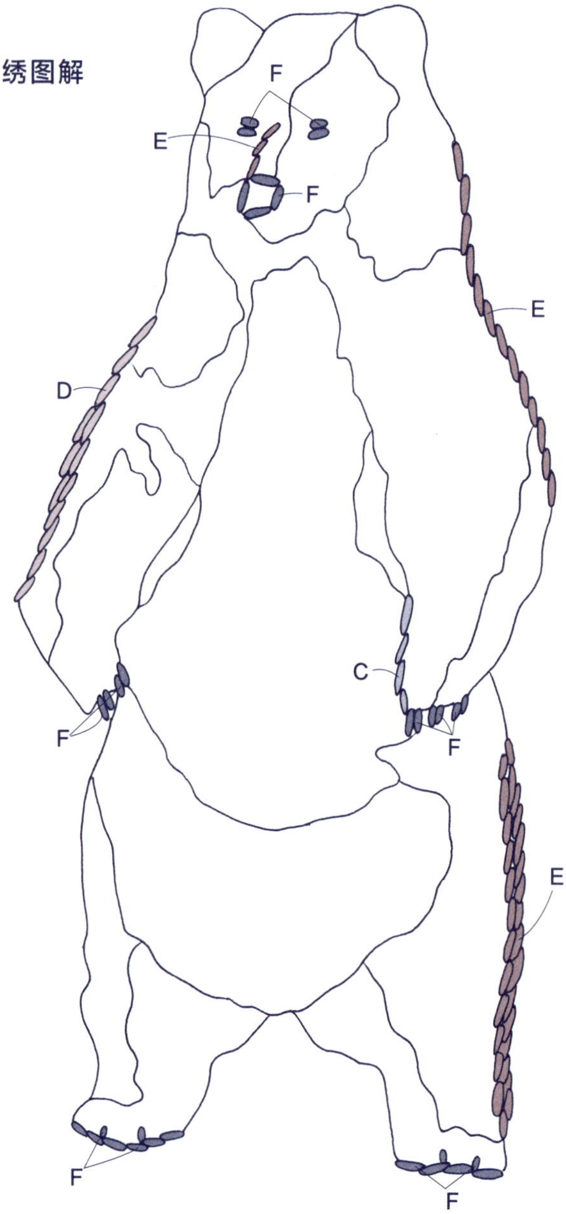

○内袋

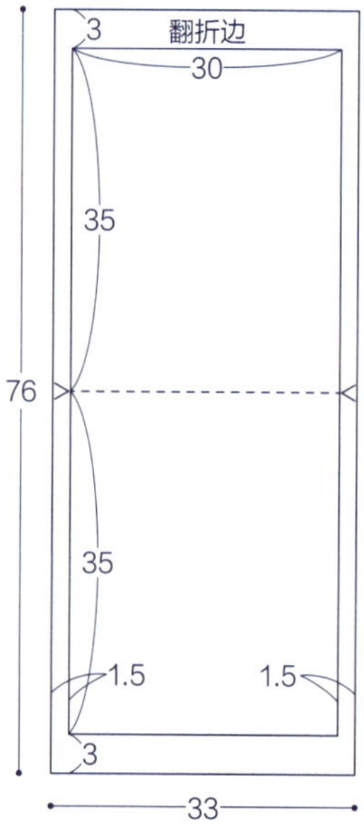

○提手

使用短针编织 4 根提手。

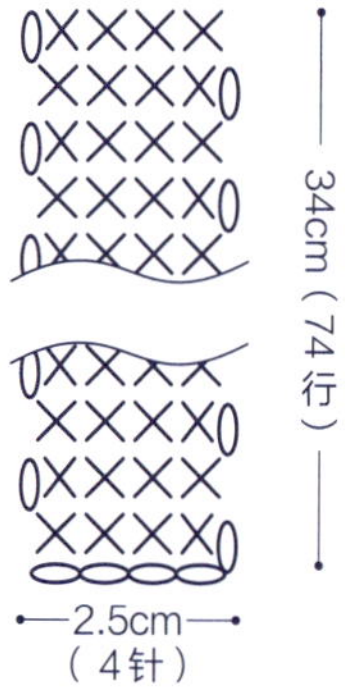

○提手的位置

将提手夹在织片与内袋之间缝合固定。

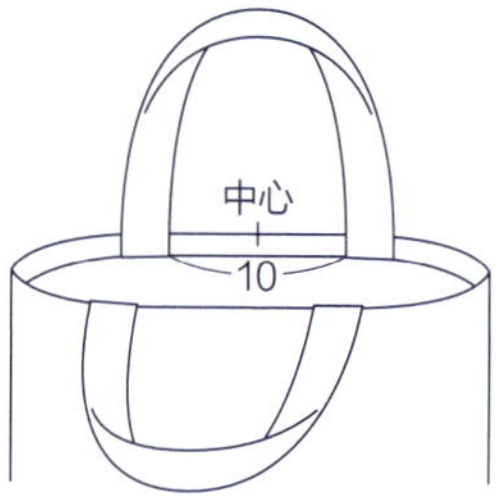

○包体（前片）

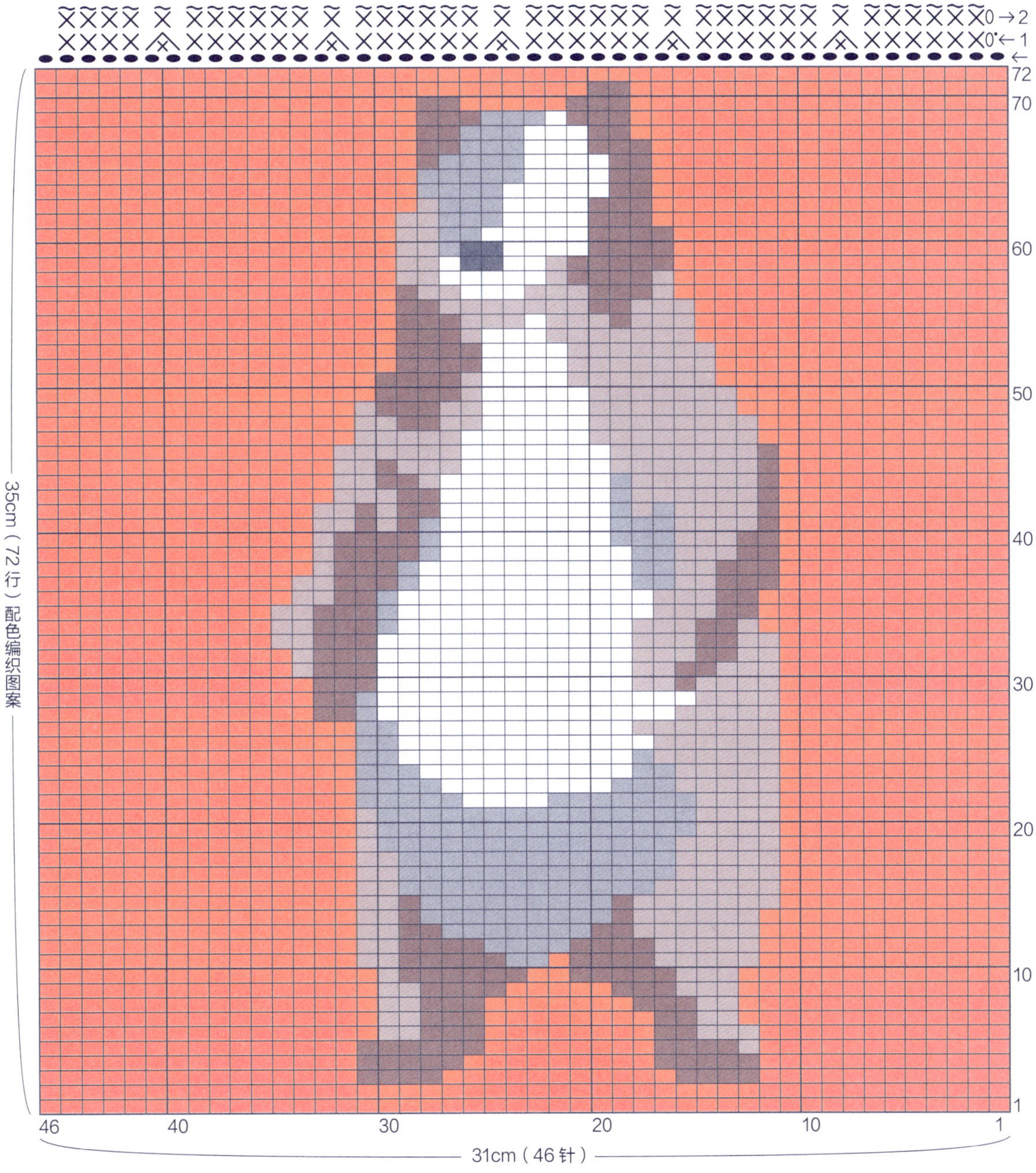

□ = | 下针

配色
- = A（粉色）
- = B（象牙白）
- = C（灰色米色）
- = D（棕色）
- = E（焦茶）
- = F（木纹黑）

长颈鹿 | Giraffe | →p.19

工具和材料

线材 / A：Puppy / BRITISH EROIKA（146）木纹灰 165g
　　B：Puppy / PRINCESS ANNY（528）象牙白 11g
　　　※2 根线合股使用
　　C：Puppy / PRINCESS ANNY（551）黄色 11g
　　　※2 根线合股使用
　　D：Puppy / BRITISH EROIKA（201）赤茶 10g
　　E：Puppy / BRITISH EROIKA（161）焦茶 10g
　　F：Puppy / BRITISH EROIKA（205）木纹黑 5g

针 / 2 支装的直棒针（日本 9 号 =4.8mm）
　　钩针（日本 7/0 号 =4mm）

其他 / 内袋用布 31cm×74cm，彩色织带宽 2cm 长 112cm

编织密度

15.5 针 21 行（10cm×10cm）

尺寸

宽 28cm× 高 34cm× 提手 51cm

编织方法

毛线方面，B 线和 C 线为 2 根线合股，除此之外均使用单根线编织。

- 使用手指绕线起针法起 45 针（起针行 = 第 1 行），前片从第 2 行开始使用纵向渡线的方法进行配色编织。后片使用 A 线编织 72 行平针。
- 完成的织片先用蒸汽熨斗整烫，再进行刺绣。
- 前后片的底部先作平针接合，再用蒸汽熨斗整烫。
- 两条侧边作挑针缝合，形成袋状。袋口的缘编使用 A 线挑针，重复“每钩 6 针短针，钩 1 针短针的 2 并 1”，共减 10 针。
- 提手使用 A 线编织，夹缝彩色织带，提手的两条侧边作卷针缝合。
- 用疏缝线将提手固定在包体的指定位置。
- 用缝纫机将内袋布料缝制成袋状，再用缝纫机将其缝合到包体上。最后拆除所有疏缝线。

○刺绣图解

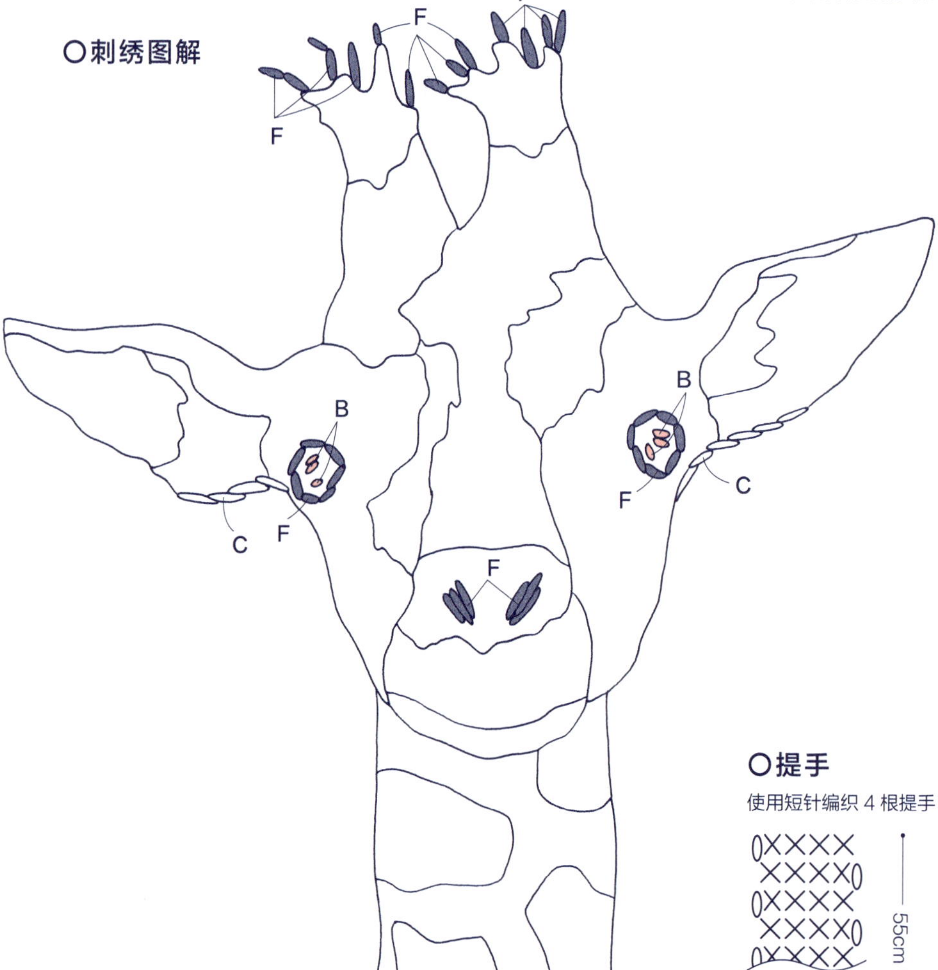

○内袋

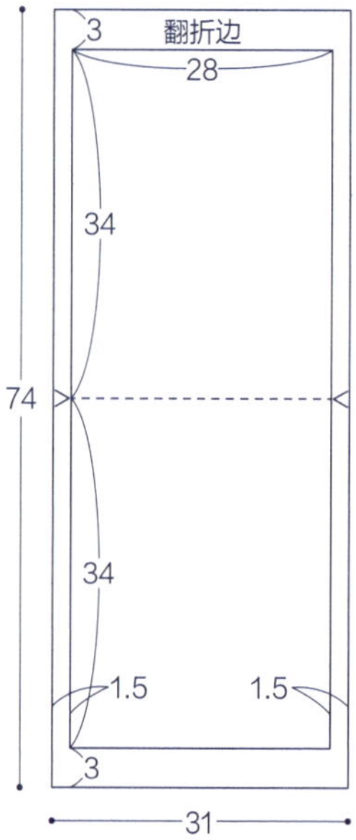

○提手

使用短针编织 4 根提手。

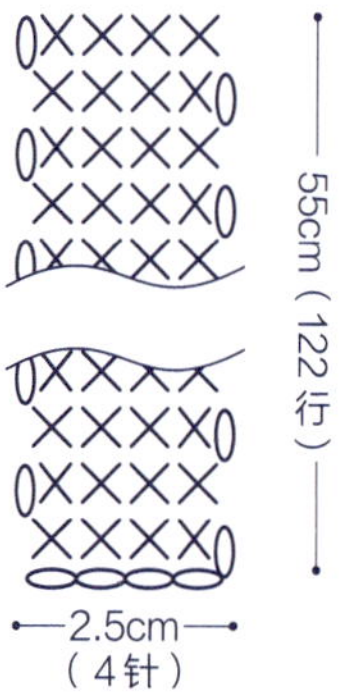

○提手的位置

将提手夹在织片与内袋之间缝合固定。

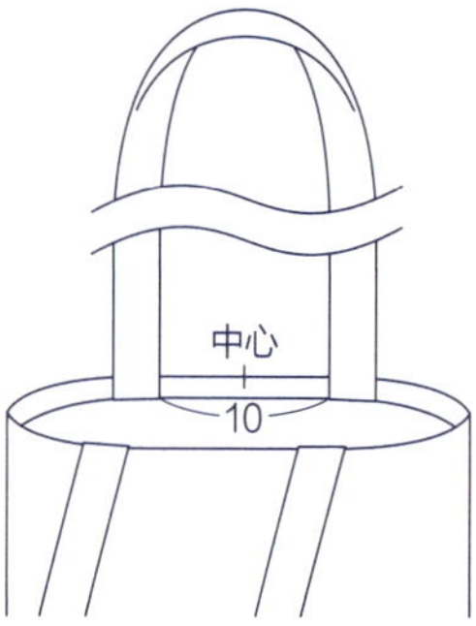

○包体（前片）

□ = [|] 下针

配色
= A（木纹灰）
= B（象牙白）
= C（黄色）
= D（赤茶）
= E（焦茶）
= F（木纹黑）

柴犬

Shiba inu

→p.20

工具和材料

线材 / A：Puppy / BRITISH EROIKA（201）赤茶 165g
B：Puppy / BRITISH EROIKA（122）黑色 25g
C：Puppy / BRITISH EROIKA（134）原色 15g
D：Puppy / PRINCESS ANNY（528）象牙白 6 g
※2 根线合股使用
E：Puppy / BRITISH EROIKA（159）深灰色 10g
F：Puppy / BRITISH EROIKA（180）粉色 5 g

针 / 2 支装的直棒针（日本 9 号 =4.8mm）
钩针（日本 7/0 号 =4mm）

其他 / 内袋用布 32cm × 78cm，彩色织带宽 2cm 长 112cm

编织密度

16 针 20.5 行（10cm × 10cm）

尺寸

宽 29cm × 高 36cm × 提手 51cm

编织方法

毛线方面，D 线为 2 根合股，除此之外均使用单根线编织。

- 使用手指绕线起针法起 47 针（起针行 = 第 1 行），前片从第 3 行开始使用纵向渡线的方法进行配色编织。后片使用 A 线编织 74 行。
- 完成的织片先用蒸汽熨斗整烫，再进行刺绣。
- 前后片的底部先作平针接合，再用蒸汽熨斗整烫。
- 两条侧边作挑针缝合，形成袋状。袋口的缘编使用 A 线挑针，重复“每钩 6 针短针，钩 1 针短针的 2 并 1”，共减 11 针。
- 提手使用 A 线编织，夹缝彩色织带，提手的两条侧边作卷针缝合。
- 用疏缝线将提手固定在包体的指定位置。
- 用缝纫机将内袋布料缝制成袋状，再用缝纫机将其缝合到包体上。最后拆除所有疏缝线。

○刺绣图解

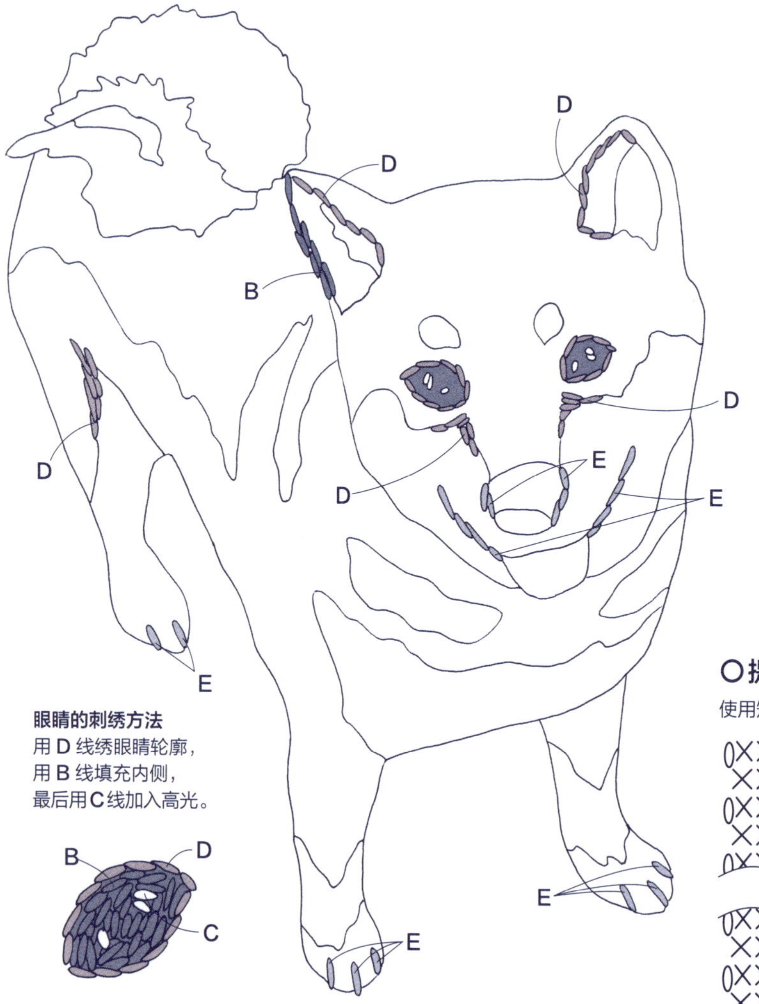

眼睛的刺绣方法

用 D 线绣眼睛轮廓，
用 B 线填充内侧，
最后用C线加入高光。

B、C、E 线用单根线，
D 线仅眼睛轮廓用单根线，
其余部分用 2 股线。

○内袋

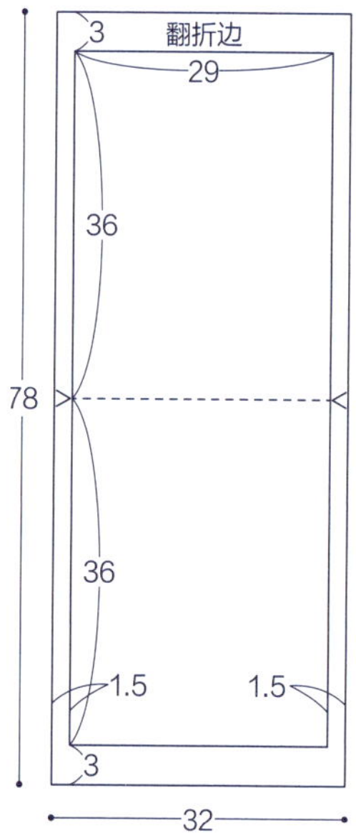

○提手

使用短针编织 4 根提手。

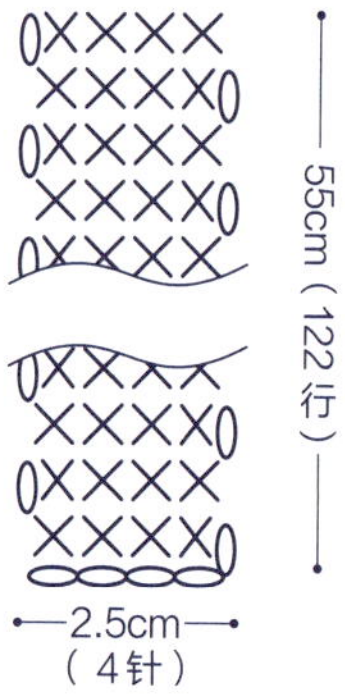

○提手的位置

将提手夹在织片与
内袋之间缝合固定。

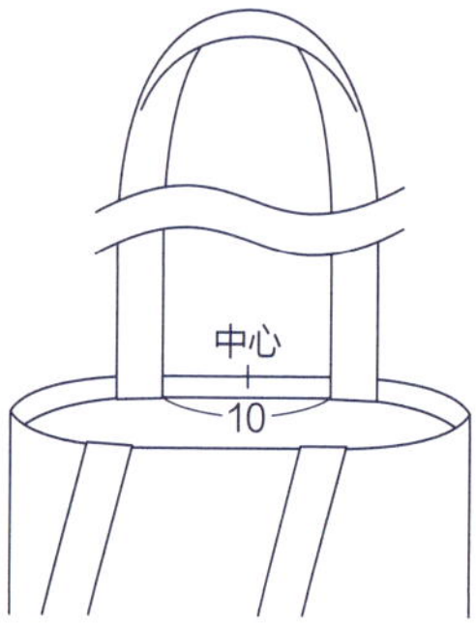

○包体（前片）

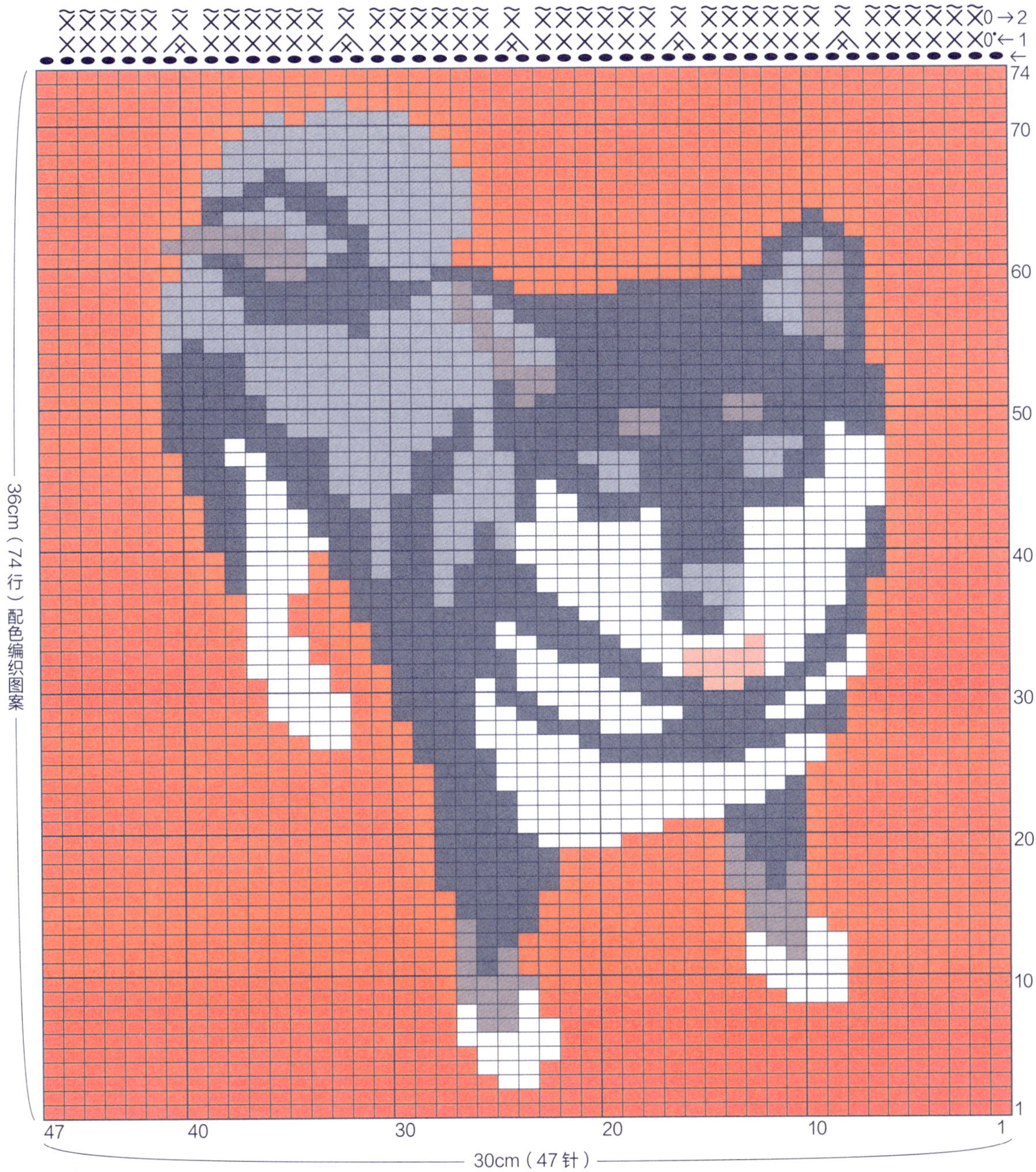

□ = [I] 下针

配色
- ■ = A（赤茶）
- ■ = B（黑色）
- □ = C（原色）
- ■ = D（象牙白）
- ■ = E（深灰色）
- ■ = F（粉色）

14 熊猫

Panda

→p.22

工具和材料

线材 / A：Puppy / BRITISH EROIKA（168）红色 125g
B：Puppy / BRITISH EROIKA（122）黑色 20g
C：Puppy / BRITISH EROIKA（143）米色 15g
D：Puppy / BRITISH EROIKA（134）原色 10g
E：Puppy / BRITISH EROIKA（120）灰色 5 g

针 / 2 支装的直棒针（日本 9 号 =4.8mm）
钩针（日本 7/0 号 =4mm）

其他 / 内袋用布 31cm×72cm，彩色织带宽 2cm 长 76cm

编织密度

15.5 针 21.5 行（10cm×10cm）

尺寸

宽 28cm× 高 33cm× 提手 33cm

编织方法

所有毛线使用单根线编织。

- 使用手指绕线起针法起 45 针（起针行 = 第 1 行），前片从第 9 行，后片从第 15 行开始使用纵向渡线的方法进行配色编织。
- 完成的织片先用蒸汽熨斗整烫，再进行刺绣。
- 前后片的底部先作平针接合，再用蒸汽熨斗整烫。
- 两条侧边作挑针缝合，形成袋状。袋口的缘编使用 A 线挑针，重复“每钩 6 针短针，钩 1 针短针的 2 并 1”，共减 10 针。
- 提手使用 A 线编织，夹缝彩色织带，提手的两条侧边作卷针缝合。
- 用疏缝线将提手固定在包体的指定位置。
- 用缝纫机将内袋布料缝制成袋状，再用缝纫机将其缝合到包体上。最后拆除所有疏缝线。

○包体（前片）

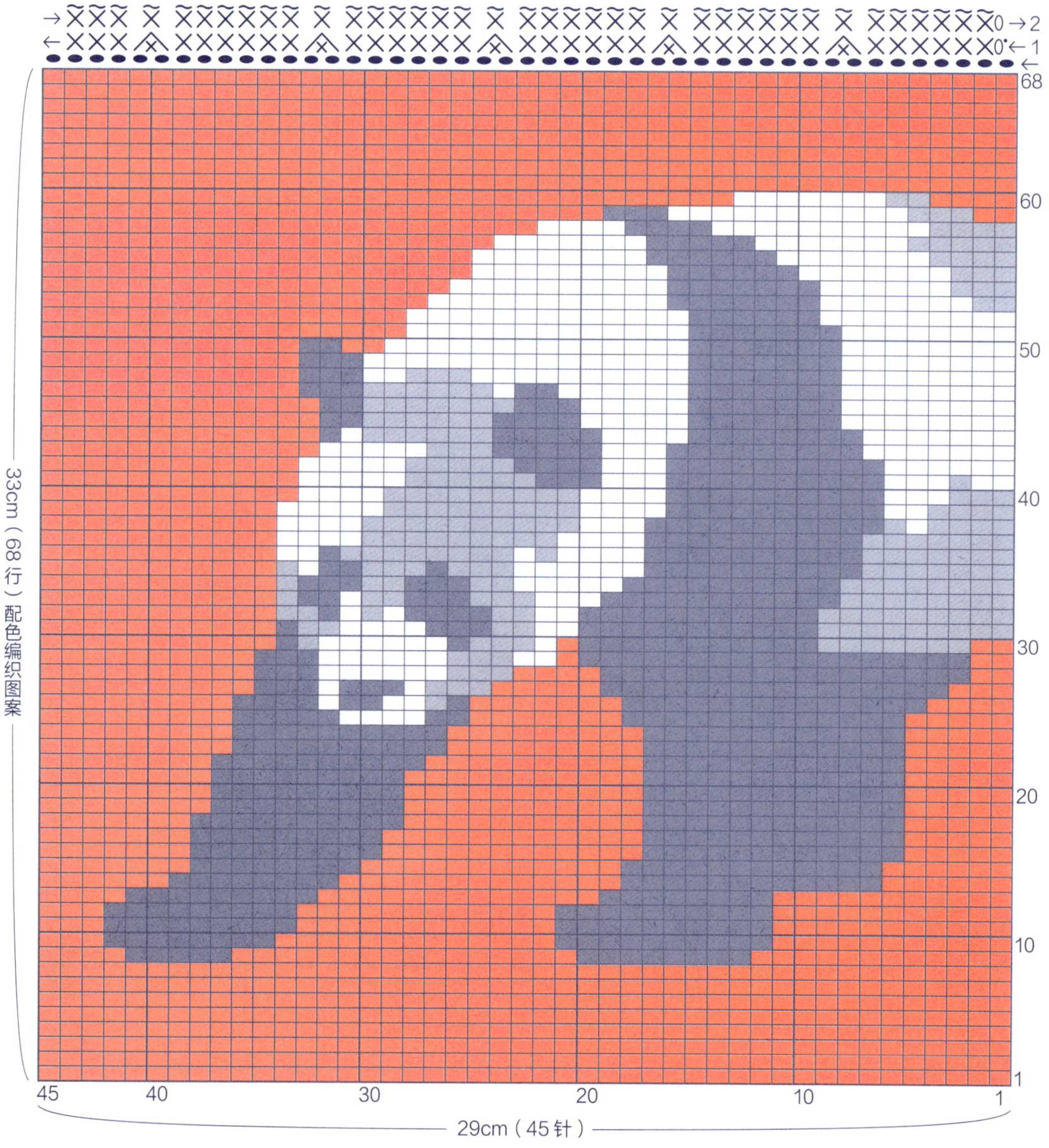

○刺绣图解

□ = | 下针

配色
- ■ = A（红色）
- ■ = B（黑色）
- ■ = C（米色）
- □ = D（原色）

○包体（后片）

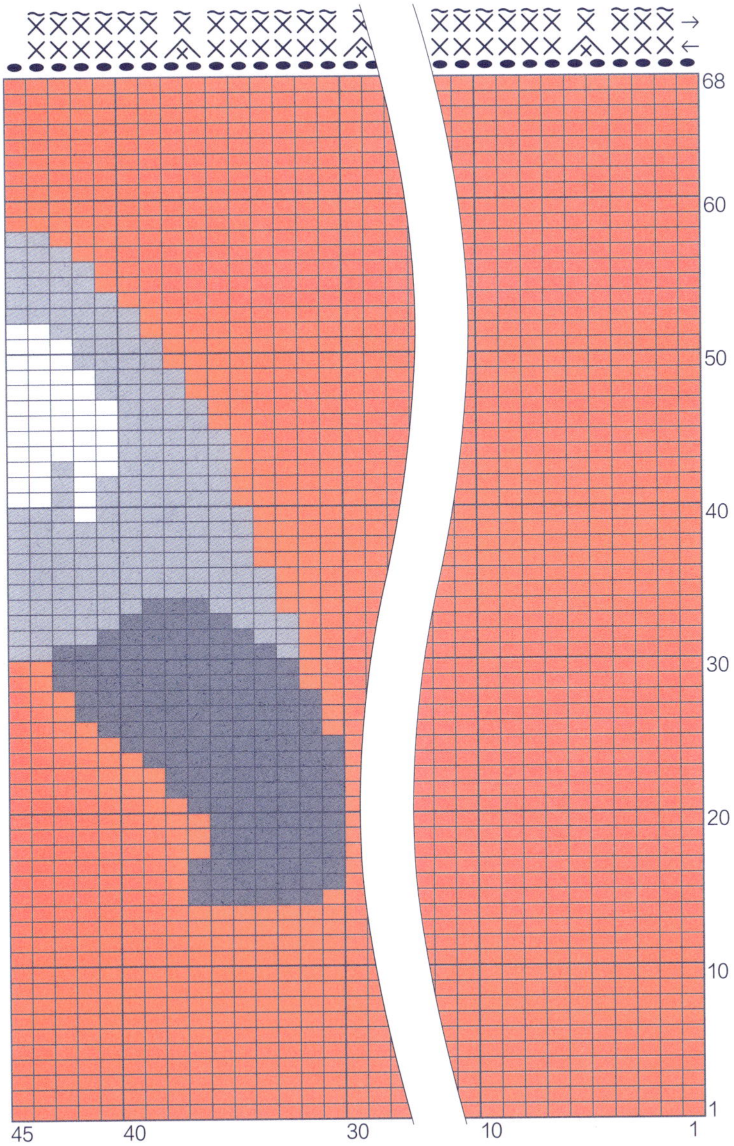

○内袋

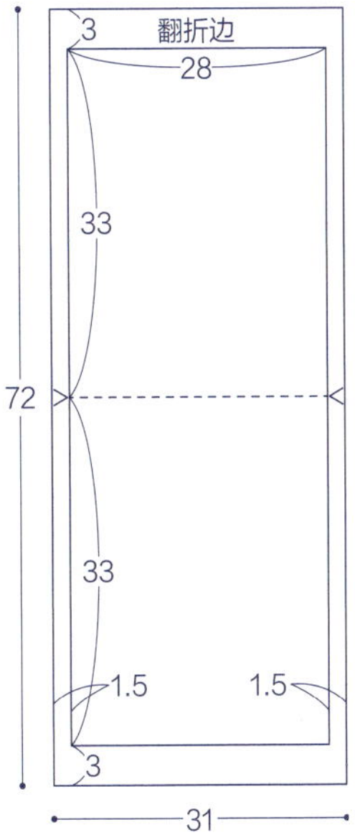

○提手

使用短针编织 4 根提手。

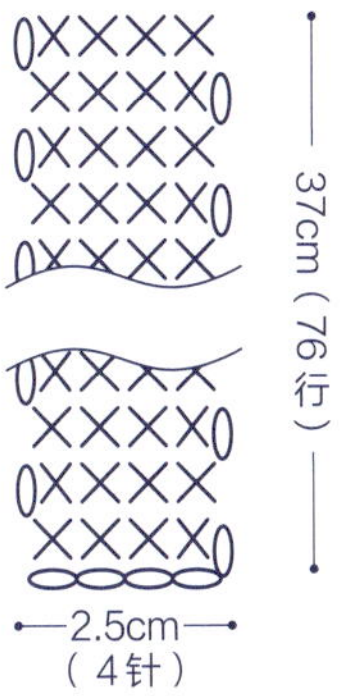

○提手的位置

将提手夹在织片与内袋之间缝合固定。

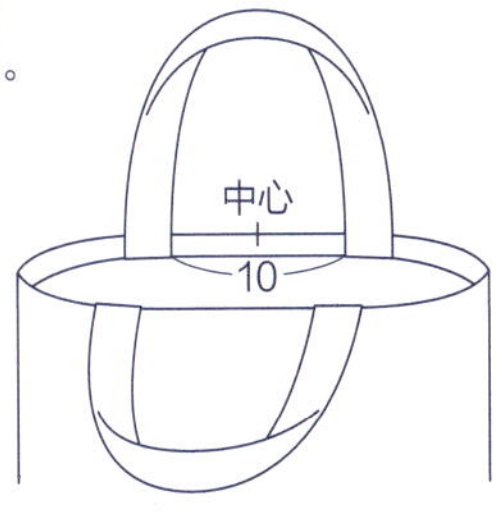

小鹿 Fawn →p.23

工具和材料

线材 / A：Puppy / BRITISH EROIKA（197）橄榄绿 160g
B：Puppy / PRINCESS ANNY（528）象牙白 22g
※2 根线合股使用
C：Puppy / BRITISH EROIKA（143）米色 15g
D：Puppy / BRITISH EROIKA（201）赤茶 10g
E：Puppy / BRITISH EROIKA（205）木纹黑 10g
F：Puppy / BRITISH EROIKA（173）灰色米色 5 g
G：Puppy / BRITISH EROIKA（125）白色 5 g

针 / 2 支装的直棒针（日本 9 号 =4.8mm）
钩针（日本 7/0 号 =4mm）

其他 / 内袋用布 33cm×82cm，彩色织带宽 2cm 长 64cm

编织密度

16 针 21 行（10cm×10cm）

尺寸

宽 30cm× 高 38cm× 提手 27cm

编织方法

毛线方面，B 线为 2 根线合股，除此之外均使用单根线编织。

- 使用手指绕线起针法起 50 针（起针行 = 第 1 行），前片从第 3 行开始使用纵向渡线的方法进行配色编织。后片使用 A 线编织 80 行。
- 完成的织片先用蒸汽熨斗整烫，再进行刺绣。
- 前后片的底部先作平针接合，再用蒸汽熨斗整烫。
- 两条侧边作挑针缝合，形成袋状。袋口的缘编使用 A 线挑针，重复“每钩 6 针短针，钩 1 针短针的 2 并 1”，共减 12 针。
- 提手使用 A 线编织，夹缝彩色织带，提手的两条侧边作卷针缝合。
- 用疏缝线将提手固定在包体的指定位置。
- 用缝纫机将内袋布料缝制成袋状，再用缝纫机将其缝合到包体上。最后拆除所有疏缝线。

○刺绣图解

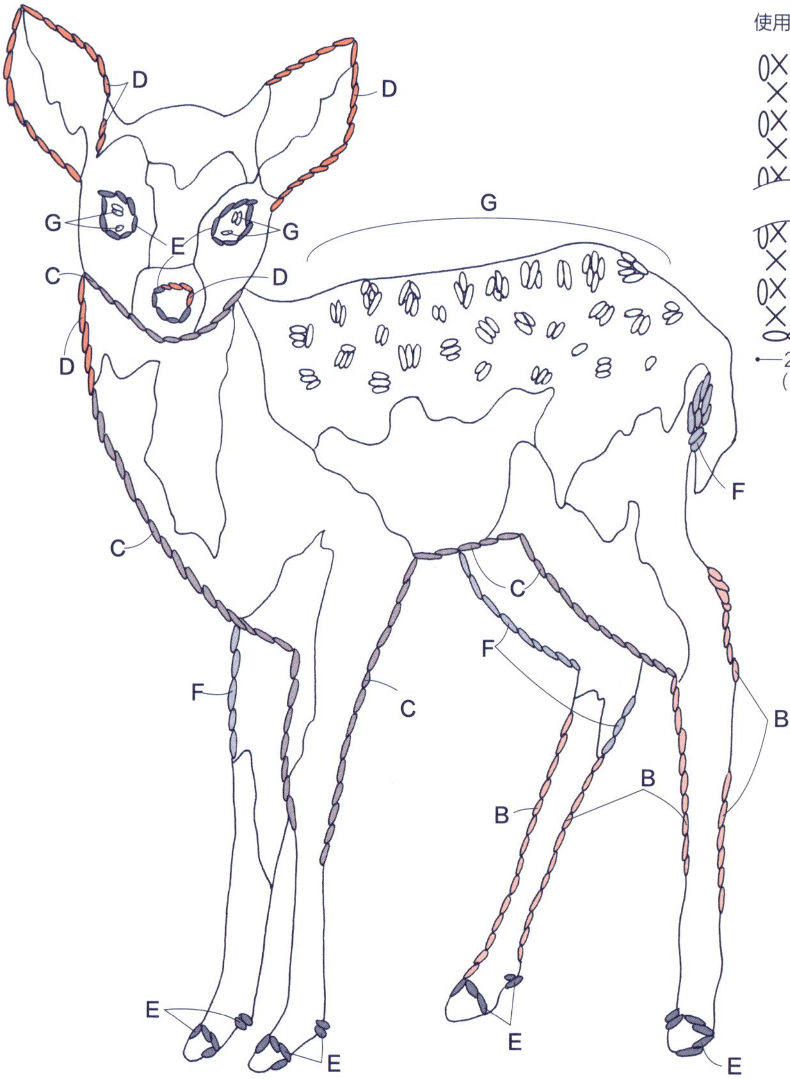

○提手

使用短针编织 4 根提手。

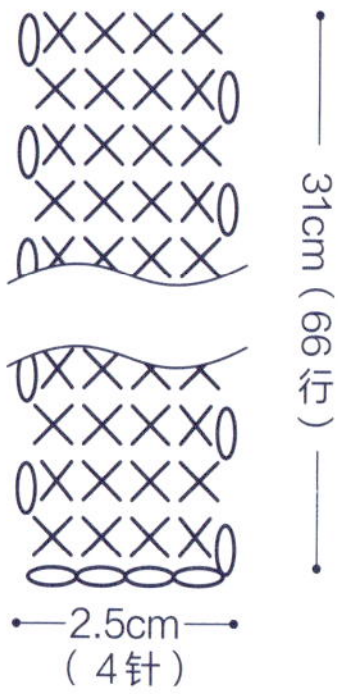

○内袋

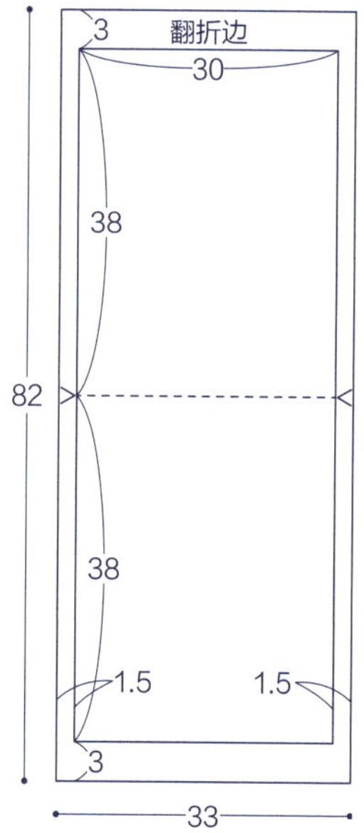

○提手的位置

将提手夹在织片与内袋之间缝合固定。

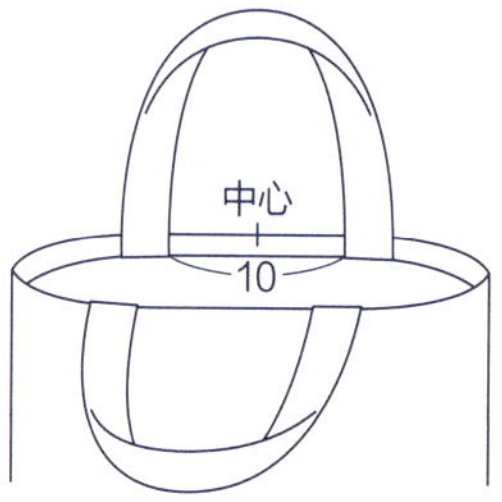

○包体（前片）

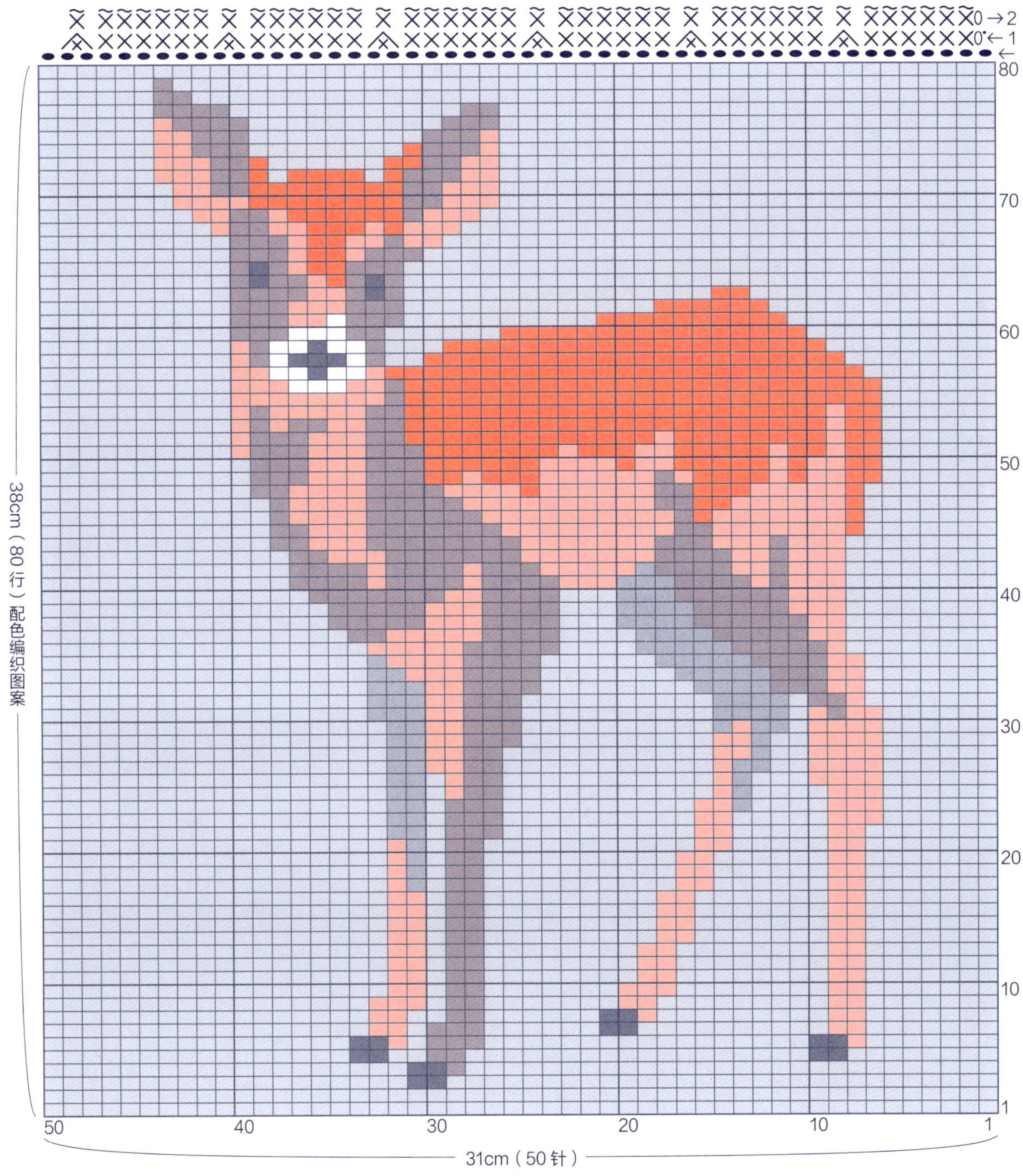

□＝[|] 下针

配色
- ＝A（橄榄绿）
- ＝B（象牙白）
- ＝C（米色）
- ＝D（赤茶）
- ＝E（木纹黑）
- ＝F（灰色米色）
- ＝G（白色）

燕子 | Swallow | →p.26

工具和材料

线材 / A：DARUMA / Wool Mohair（3）薄荷绿 85g
B：Rich More / spectre modem（3）原色 5g
C：Rich More / spectre modem（2）浅米色 5g
D：Rich More / spectre modem（27）橘色 5g
E：Rich More / spectre modem（22）青 5g
F：Rich More / spectre modem（46）黑色 5g
G：Rich More / spectre modem（38）绿色 5g
H：Rich More / spectre modem（13）黄绿 5g

针 / 2 支装的直棒针（日本 9 号 =4.8mm）
钩针（日本 7/0 号 =4mm）

其他 / 内袋用布 33cm×76cm，彩色织带宽 2cm 长 70cm

编织密度

15 针 20 行（10cm×10cm）

尺寸

宽 30cm× 高 35cm× 提手 30cm

编织方法

所有毛线使用单根线编织。

- 使用手指绕线起针法起 47 针（起针行 = 第 1 行），前后片都从第 2 行开始使用纵向渡线的方法进行配色编织。
- 完成的织片先用蒸汽熨斗整烫，再进行刺绣。
- 前后片的底部先作平针接合，再用蒸汽熨斗整烫。
- 两条侧边作挑针缝合，形成袋状。袋口使用 A 线编织缘编。
- 提手使用 A 线编织，夹缝彩色织带，提手的两条侧边作卷针缝合。
- 用疏缝线将提手固定在包体的指定位置。
- 用缝纫机将内袋布料缝制成袋状，再用缝纫机将其缝合到包体上。最后拆除所有疏缝线。

○包体（前片）

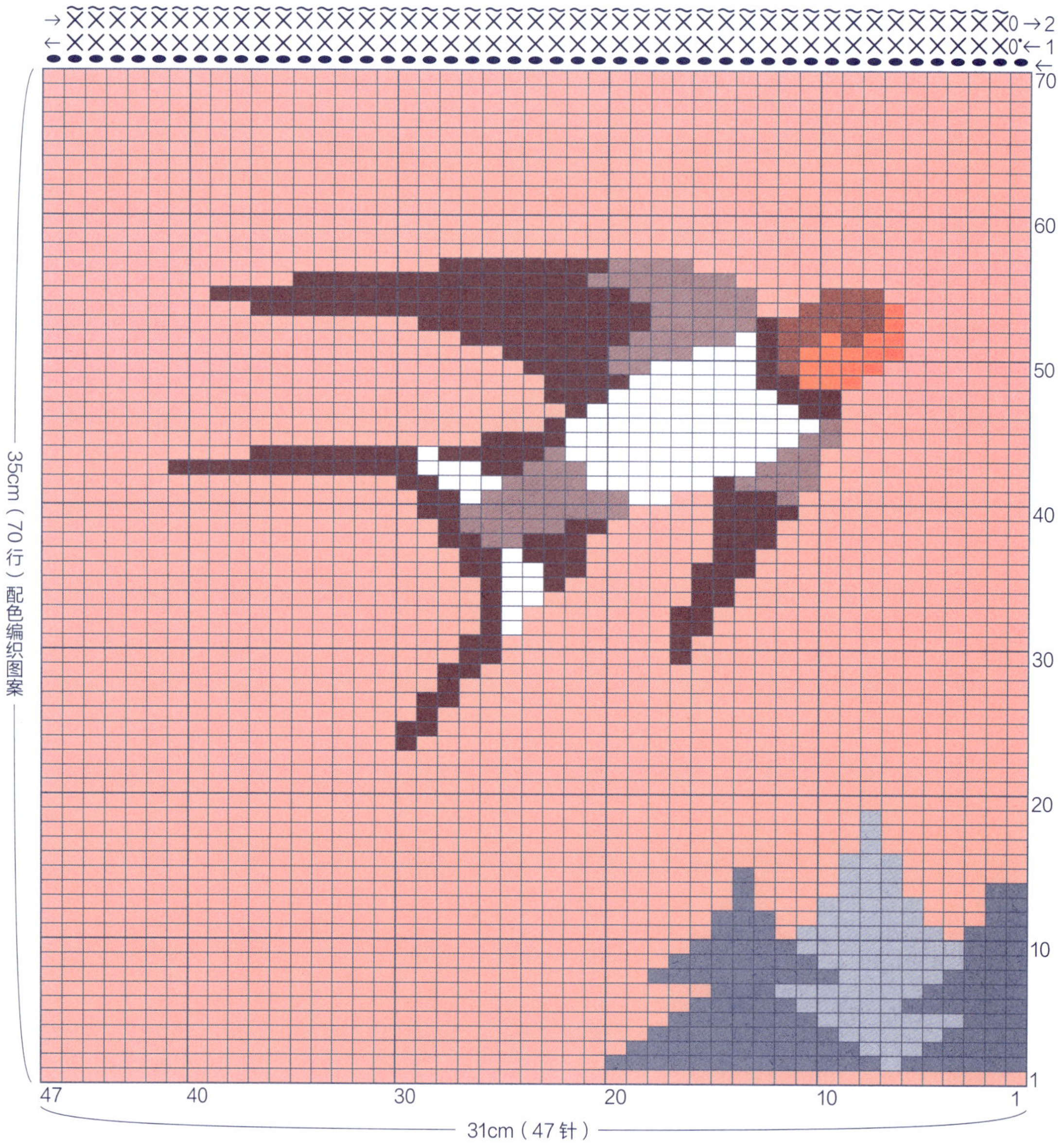

○刺绣图解

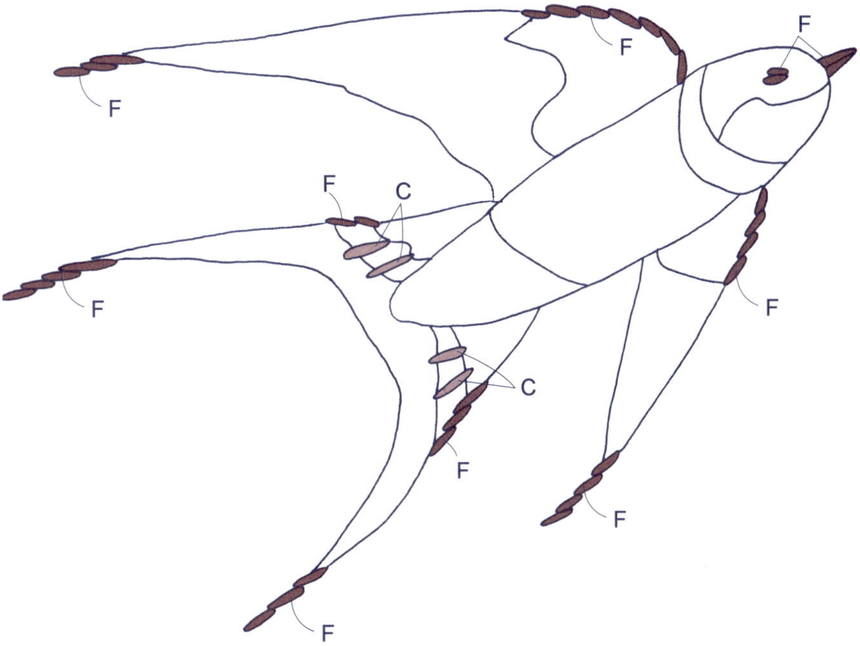

□ = 〔|〕 下针

配色

- = A（薄荷绿）
- = B（原色）
- = C（浅米色）
- = D（橘色）
- = E（青）
- = F（黑色）
- = G（绿色）
- = H（黄绿）

○包体（后片）

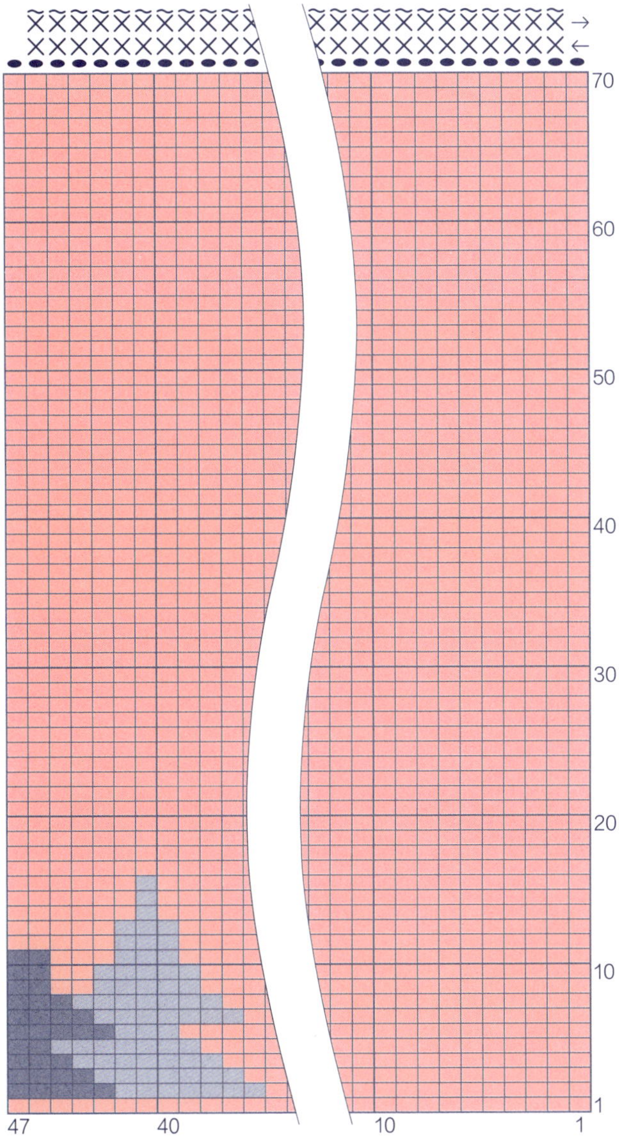

○内袋

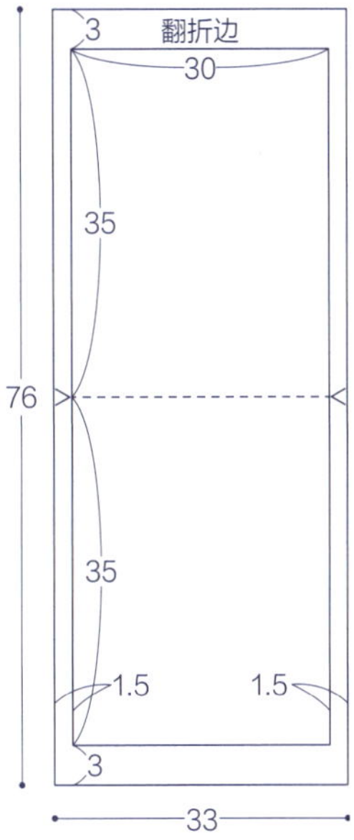

○提手

使用短针编织 4 根提手。

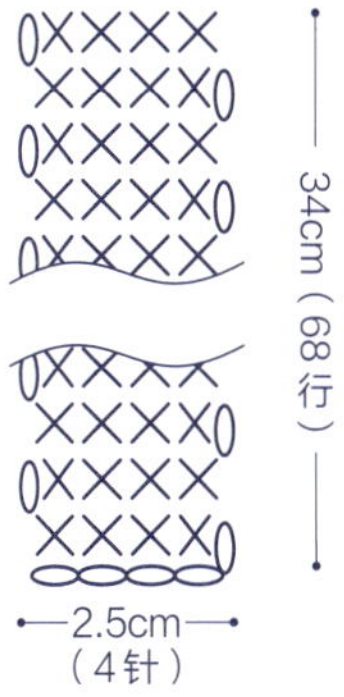

○提手的位置

将提手夹在织片与内袋之间缝合固定。

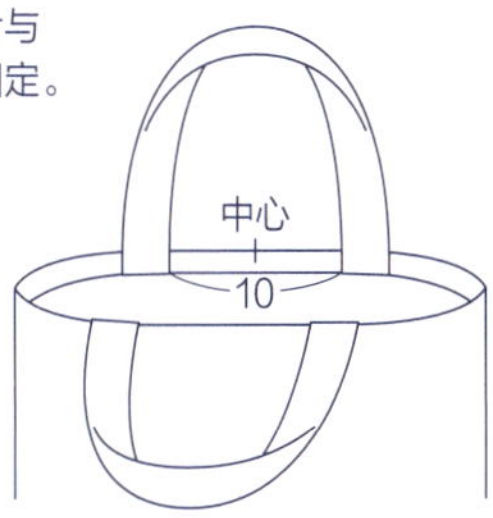

17 仓鸮

Barn owl

→p.27

工具和材料

线材 / A：Puppy / BRITISH EROIKA（203）山吹色 100g
B：Puppy / BRITISH EROIKA（125）白色 10g
C：Puppy / BRITISH EROIKA（143）米色 10g
D：Puppy / BRITISH EROIKA（173）灰色米色 10g
E：Puppy / BRITISH EROIKA（192）棕色 5 g
F：Puppy / BRITISH EROIKA（205）木纹黑 5 g
G：Puppy / PELAGE（811）柔雾白 10g

针 / 2 支装的直棒针（日本 9 号 =4.8mm）
钩针（日本 7/0 号 =4mm）

其他 / 内袋用布 25cm×58cm，彩色织带宽 2cm 长 78cm

编织密度

16 针 21.5 行（10cm×10cm）

尺寸

宽 22cm× 高 26cm× 提手 34cm

编织方法

所有毛线使用单根线编织。

- 使用手指绕线起针法起 37 针（起针行 = 第 1 行），前片从第 2 行开始使用纵向渡线的方法进行配色编织。G 线比其他线更粗，所以要织得更紧些。后片用 A 线编织 56 行平针。
- 完成的织片先用蒸汽熨斗整烫，再进行刺绣。
- 前后片的底部先作平针接合，再用蒸汽熨斗整烫。
- 两条侧边作挑针缝合，形成袋状。袋口的缘编使用 A 线挑针，重复“每钩 6 针短针，钩 1 针短针的 2 并 1”，共减 8 针。
- 提手使用 A 线编织，夹缝彩色织带，提手的两条侧边作卷针缝合。
- 用疏缝线将提手固定在包体的指定位置。
- 用缝纫机将内袋布料缝制成袋状，再用缝纫机将其缝合到包体上。最后拆除所有疏缝线。

O刺绣图解

O内袋

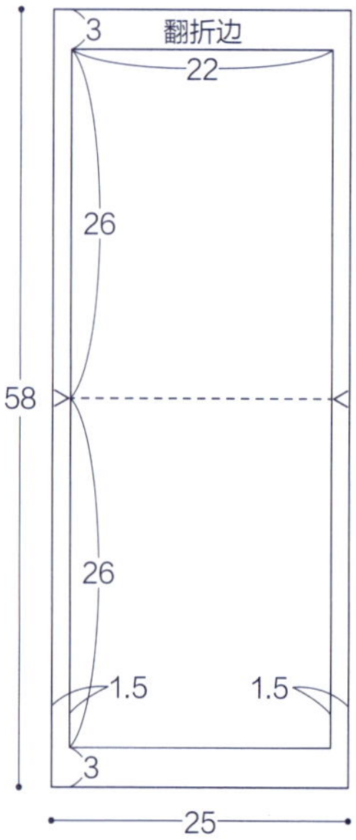

O提手

使用短针编织 4 根提手。

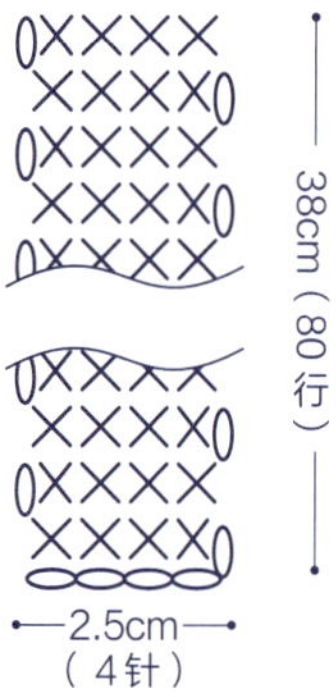

O提手的位置

将提手夹在织片与内袋之间缝合固定。

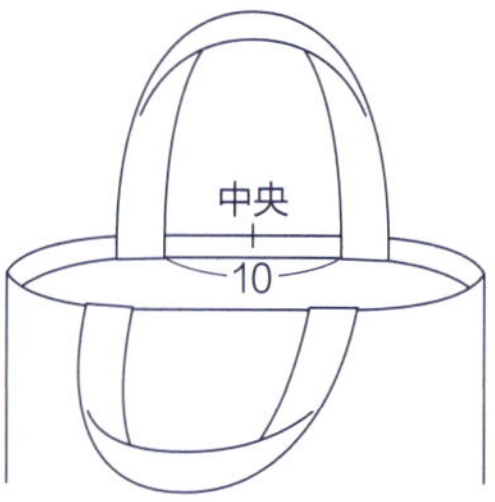

○包体（前片）

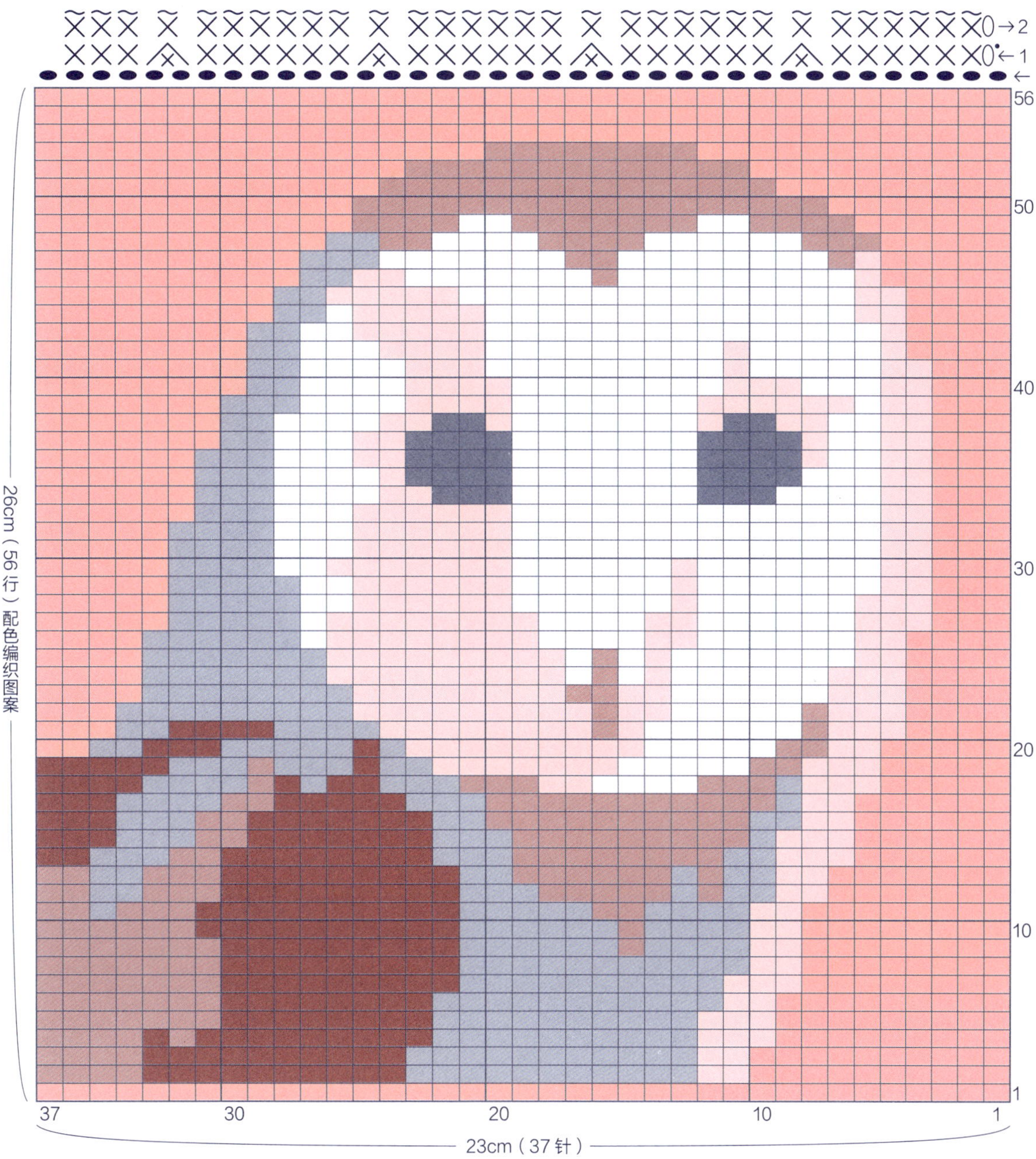

□ = [丨] 下针

配色
- = A（山吹色）
- = B（白色）
- = C（米色）
- = D（灰色米色）
- = E（棕色）
- = F（木纹黑）
- = G（柔雾白）

18 猫头鹰 | Scops owl | → p.28

工具和材料

线材 / A：Puppy / BRITISH EROIKA（101）海军蓝 175g
B：Puppy / BRITISH EROIKA（161）焦茶 20g
C：Puppy / PRINCESS ANNY（528）象牙白 16g
※2 根线合股使用
D：Puppy / BRITISH EROIKA（200）粉米色 15g
E：Puppy / BRITISH EROIKA（192）棕色 15g
F：Puppy / BRITISH EROIKA（134）原色 10g
G：Puppy / BRITISH EROIKA（205）木纹黑 10g
H：Puppy / BRITISH EROIKA（186）橘色 5 g
I：Puppy / PRINCESS ANNY（551）黄色 6 g
※2 根线合股使用

针 / 2 支装的直棒针（日本 9 号 =4.8mm）
钩针（日本 7/0 号 =4mm）

其他 / 内袋用布 36cm × 76cm，彩色织带宽 2cm 长 130cm

编织密度

16 针 20.5 行（10cm × 10cm）

尺寸

宽 33cm × 高 35cm × 提手 60cm

编织方法

毛线方面，C 线与 I 线为 2 根线合股，除此之外均使用单根线编织。

- 使用手指绕线起针法起 54 针（起针行 = 第 1 行），前片从第 2 行开始使用纵向渡线的方法进行配色编织。后片使用 A 线编织 72 行平针。
- 完成的织片先用蒸汽熨斗整烫，再进行刺绣。
- 前后片的底部先作平针接合，再用蒸汽熨斗整烫。
- 两条侧边作挑针缝合，形成袋状。袋口的缘编使用 A 线挑针，重复"每钩 6 针短针，钩 1 针短针的 2 并 1"，共减 13 针。
- 提手使用 A 线编织，夹缝彩色织带，提手的两条侧边作卷针缝合。
- 用疏缝线将提手固定在包体的指定位置。
- 用缝纫机将内袋布料缝制成袋状，再用缝纫机将其缝合到包体上。最后拆除所有疏缝线。

○刺绣图解

眼睛的刺绣方法
用 G 线绣圆形眼睛轮廓，
用 H 线填充内侧，
最后用 F 线加入高光。

喙部的刺绣方法
先用 E 线绣出图示形状，
再用 I 线填充内部。

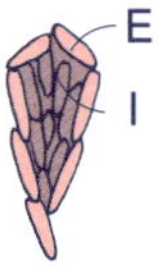

○提手

使用短针编织 4 根提手。

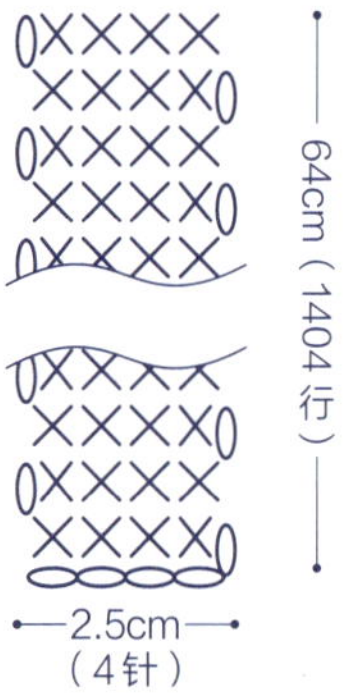

○内袋

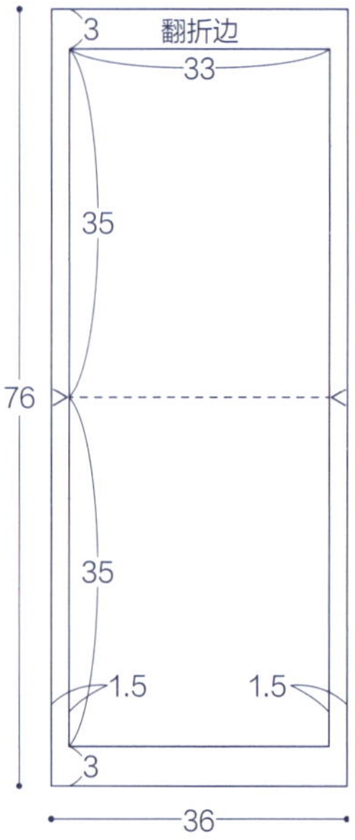

○提手的位置

将提手夹在织片与
内袋之间缝合固定。

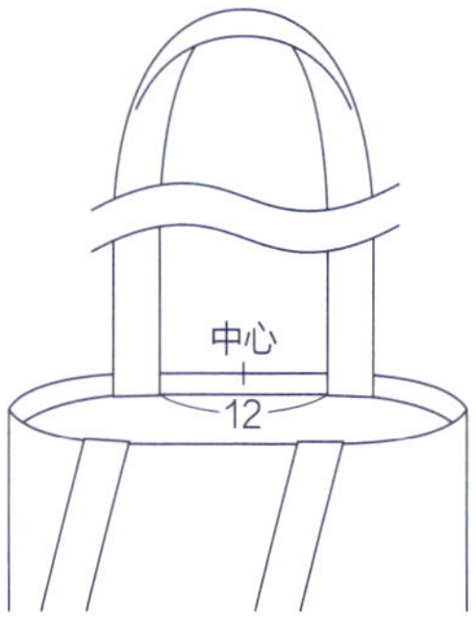

○包体（前片）

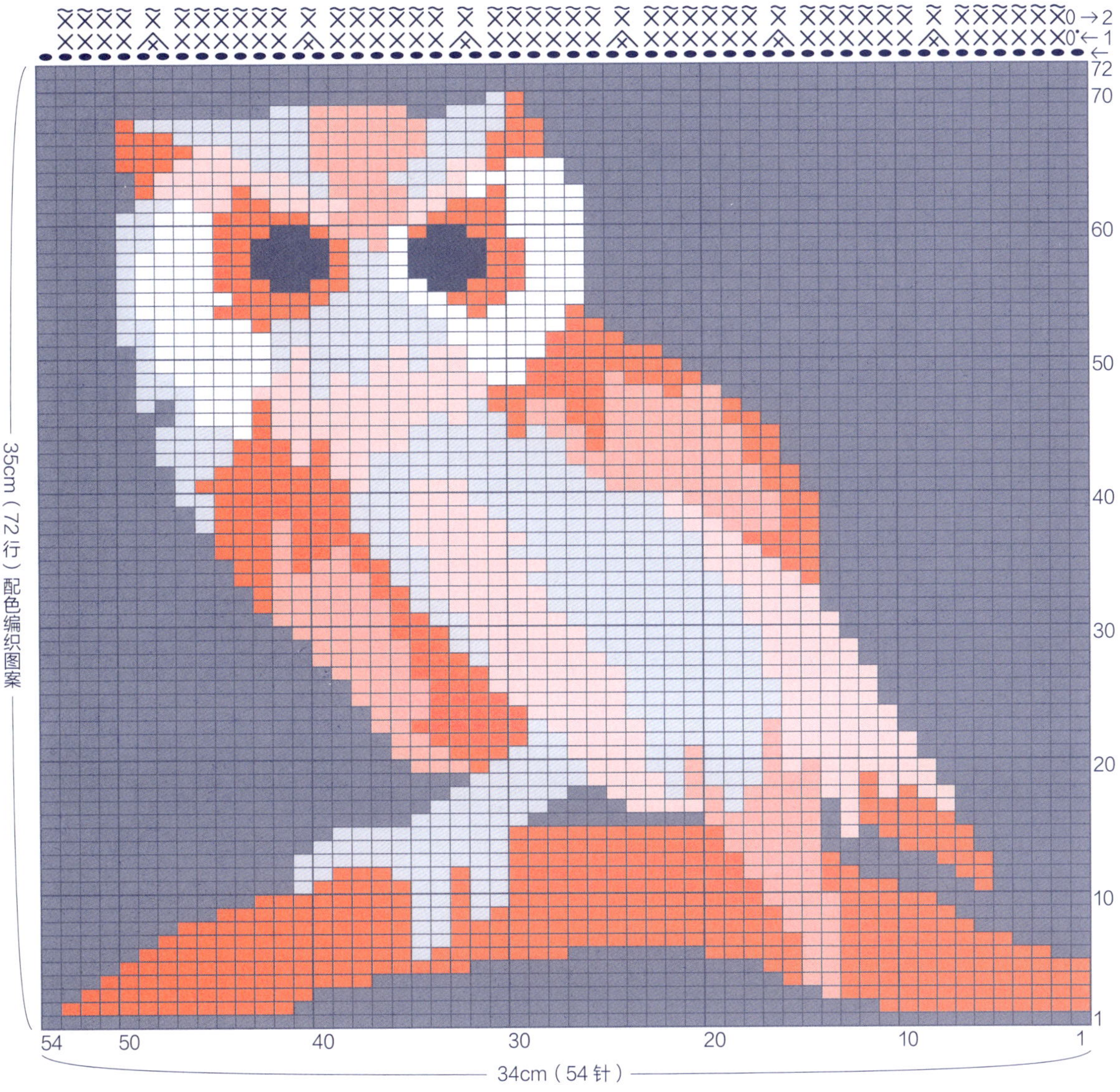

□ = | 下针

配色
- ■ = A（海军蓝）
- ■ = B（焦茶）
- ■ = C（象牙白）
- ■ = D（粉米色）
- ■ = E（棕色）
- □ = F（原色）
- ■ = G（木纹黑）

老鹰 | Crested serpent eagle | → p.29

工具和材料

线材 / A：Puppy / QUEEN ANNY（962）水蓝色 200g
B：Puppy / QUEEN ANNY（991）米灰色 15g
C：Puppy / QUEEN ANNY（831）焦茶 15g
D：Puppy / QUEEN ANNY（869）灰白 10g
E：Puppy / QUEEN ANNY（812）米色 10g
F：Puppy / QUEEN ANNY（978）干枯玫瑰色 10g
G：Puppy / QUEEN ANNY（104）柠檬黄 5 g

针 / 2 支装的直棒针（日本 7 号 =4.2mm）
钩针（日本 6/0 号 =3.5mm）

其他 / 内袋用布 38cm×88cm，彩色织带宽 2cm 长 120cm

编织密度

17 针 24 行（10cm×10cm）

尺寸

宽 35cm× 高 41cm× 提手 55cm

编织方法

所有毛线使用单根线编织。

- 使用手指绕线起针法起 62 针（起针行 = 第 1 行），前片从第 8 行开始使用纵向渡线的方法进行配色编织。后片使用 A 线编织 100 行。
- 完成的织片先用蒸汽熨斗整烫，再进行刺绣。
- 前后片的底部先作平针接合，再用蒸汽熨斗整烫。
- 两条侧边作挑针缝合，形成袋状。袋口使用 A 线制作缘编。
- 提手使用 A 线编织，夹缝彩色织带，提手的两条侧边作卷针缝合。
- 用疏缝线将提手固定在包体的指定位置。
- 用缝纫机将内袋布料缝制成袋状，再用缝纫机将其缝合到包体上。最后拆除所有疏缝线。

○刺绣图解

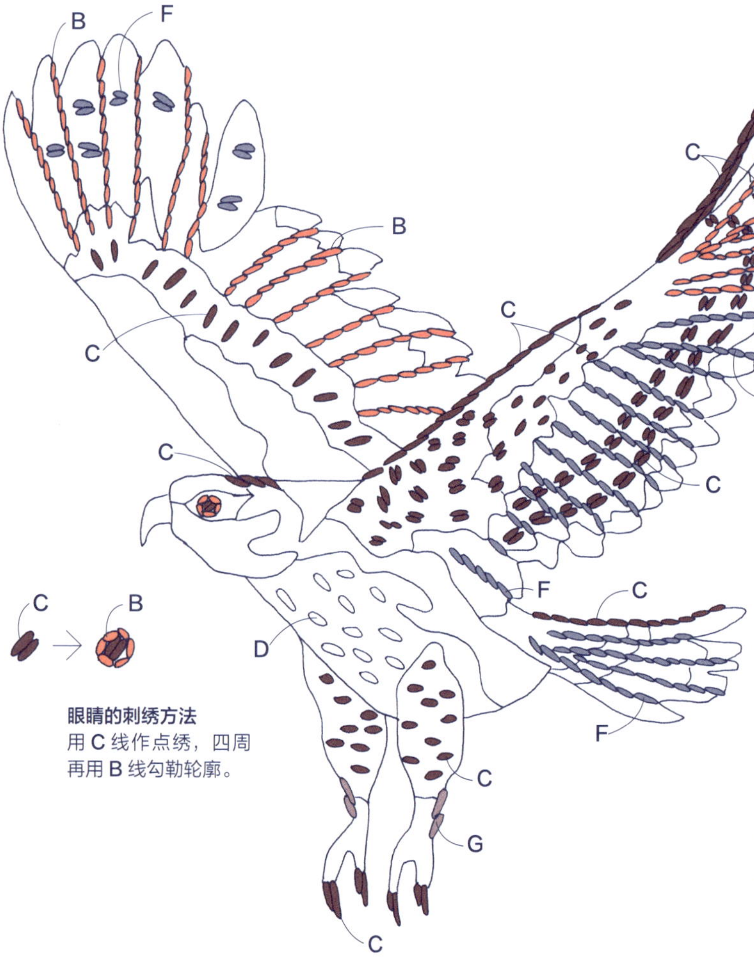

眼睛的刺绣方法
用 C 线作点绣，四周再用 B 线勾勒轮廓。

○内袋

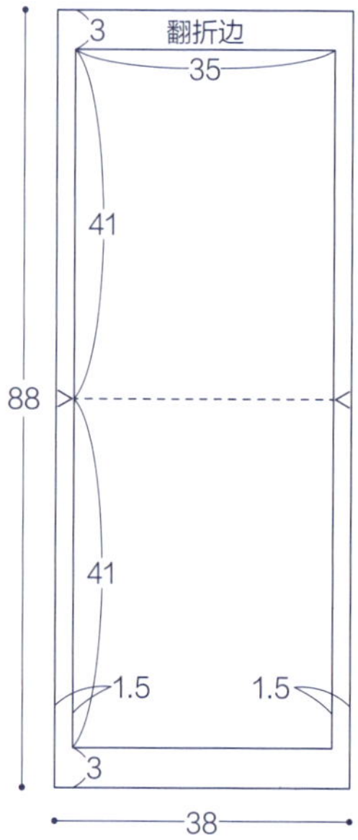

○提手

使用短针编织 4 根提手。

○提手的位置

将提手夹在织片与内袋之间缝合固定。

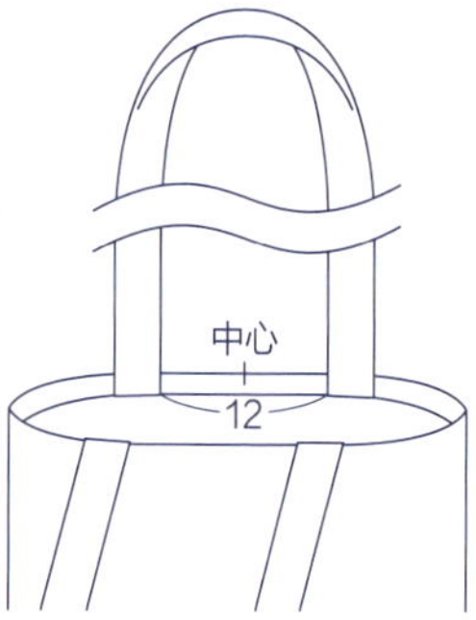

○包体（前片）

□ = ▯ 下针

配色
- = A（水蓝色）
- = B（米灰色）
- = C（焦茶）
- = D（灰白）
- = E（米色）
- = F（干枯玫瑰色）
- = G（柠檬黄）

20 驯鹿围巾 | Reindeer scarf | →p.30

工具和材料

线材／A：Puppy ／ BRITISH EROIKA（183）绛紫 65g
B：Puppy ／ PRINCESS ANNY（528）象牙白 44g
※2 根线合股使用
C：Puppy ／ BRITISH EROIKA（192）棕色 35g
D：Puppy ／ PELAGE（1311）柔雾灰 50g
针／ 2 支装的直棒针（前片用日本 9 号 =4.8mm
后片用 8mm）

编织密度

前片 14 针 22 行（10cm×10cm）
后片 7 针 14 行（10cm×10cm）

尺寸

宽 14cm× 长 145cm

编织方法

毛线方面，B 线为 2 根线合股，除此之外均使用单根线编织。

- 使用手指绕线起针法起 21 针（起针行 = 第 1 行），前片从第 10 行开始使用纵向渡线的方法进行配色编织。将 128 行的花样重复 2 轮，后来编织至第 62 行，从正面作伏针收针。后片用同样的起针法使用 D 线起 11 针，编织 204 行平针。
- 完成的织片先用蒸汽熨斗整烫，再进行刺绣。
- 边确认前后片的平衡，边用珠针固定两侧以防止错位，然后作挑针缝合（因后片针目较大，缝合时只挑半针）。上下边缘用 A 线作卷针缝合。将后片朝外使用，可享受更蓬松柔软的触感。

21 猫咪围巾 | Cat scarf | →p.30

工具和材料

线材／A：Puppy ／ PELAGE（1386）柔雾粉 100g
B：Puppy ／ QUEEN ANNY（954）炭灰色 15g
C：Puppy ／ QUEEN ANNY（869）灰白 15g
D：Puppy ／ QUEEN ANNY（976）浅米色 10g
E：Puppy ／ QUEEN ANNY（991）米灰色 160g
F：Puppy ／ QUEEN ANNY（833）灰色 5 g
G：Puppy ／ QUEEN ANNY（962）水蓝色 5 g
针／ 2 支装的直棒针（前片用日本 7 号 =4.2mm，
后片用日本 13 号 =6mm）

编织密度

前片 16 针 25 行（10cm×10cm）
后片 10 针 10 行（10cm×10cm）

尺寸

宽 21cm× 长 170cm

编织方法

所有毛线使用单根线编织。

- 使用手指绕线起针法起 35 针（起针行 = 第 1 行），前片从第 2 行开始使用纵向渡线的方法进行配色编织至第 72 行。第 73 行开始编织（单色的）平针，至 420 行结束，从正面作伏针收针。后片用同样的起针法使用 A 线起 22 针，编织 170 行平针。
- 完成的织片使用蒸汽熨斗整烫，然后进行刺绣（参照 p.84）。
- 边确认前后片的平衡，边用珠针固定两侧以防止错位，然后作挑针缝合（因后片针目较大，缝合时只挑半针）。上边缘用 E 线，下边缘用 D 线作卷针缝合。

22 狮子围巾 | Lion scarf | →p.31

工具和材料

线材／A：DARUMA ／ GENMOU（ 9 ）深灰色 80g
B：DARUMA ／ GENMOU（11）深棕色 35g
C：DARUMA ／ GENMOU（18）深橘色 25g
D：DARUMA ／ GENMOU（16）沙米色 15g
E：Puppy ／ BRITISH EROIKA（203）山吹色 42g
F：Rich More ／ spectre modem（11）象牙白 30g
G：DARUMA ／ Fake Fur（ 3 ）
驼色 13 m（译者注：注意单位是米）
针／ 2 支装的直棒针（日本 8 号 =4.5mm）

编织密度

前片・后片 16 针 25 行（10cm×10cm）

尺寸

宽 17cm× 长 157cm

编织方法

所有毛线使用单根线编织。

- 使用手指绕线起针法以 F 线起 29 针（起针行 = 第 1 行），前片从第 2 行开始使用纵向渡线的方法进行配色编织，将 98 行的花样重复 4 轮，直到第 392 行，从正面作伏针收针。后片用同样的起针方法使用 A 线起 29 针，编织 392 行平针。
- 完成的织片先用蒸汽熨斗整烫，再进行刺绣。
- 边确认前后片的平衡，边用珠针固定两侧以防止错位，然后作挑针缝合。上边缘用 E 线，下边缘用 F 线作卷针缝合。

驯鹿围巾

○刺绣图解

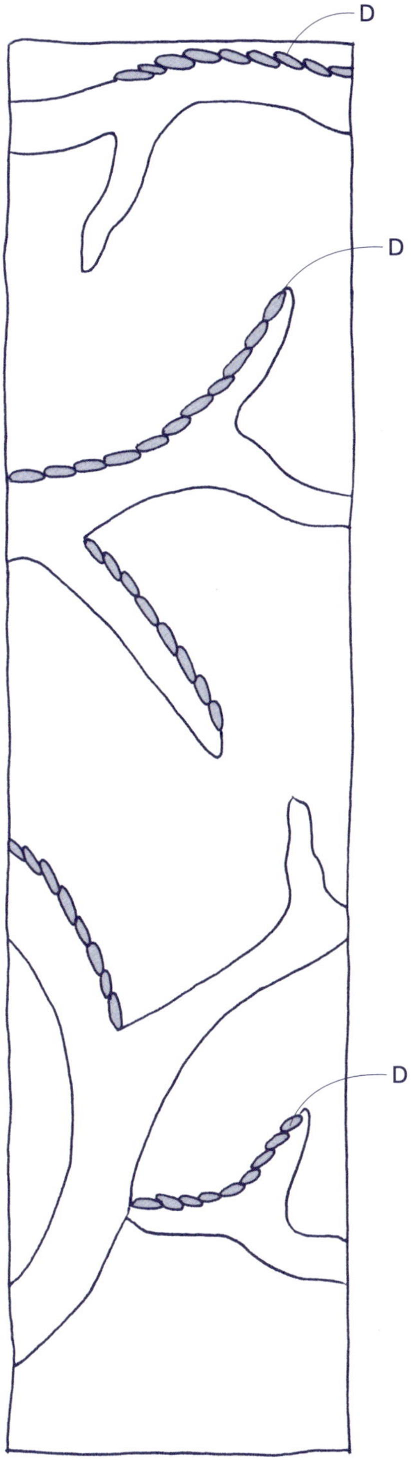

○围巾（前片）

将128行的图案重复2轮，第3轮编织至此图案的第62行，然后伏针收针。

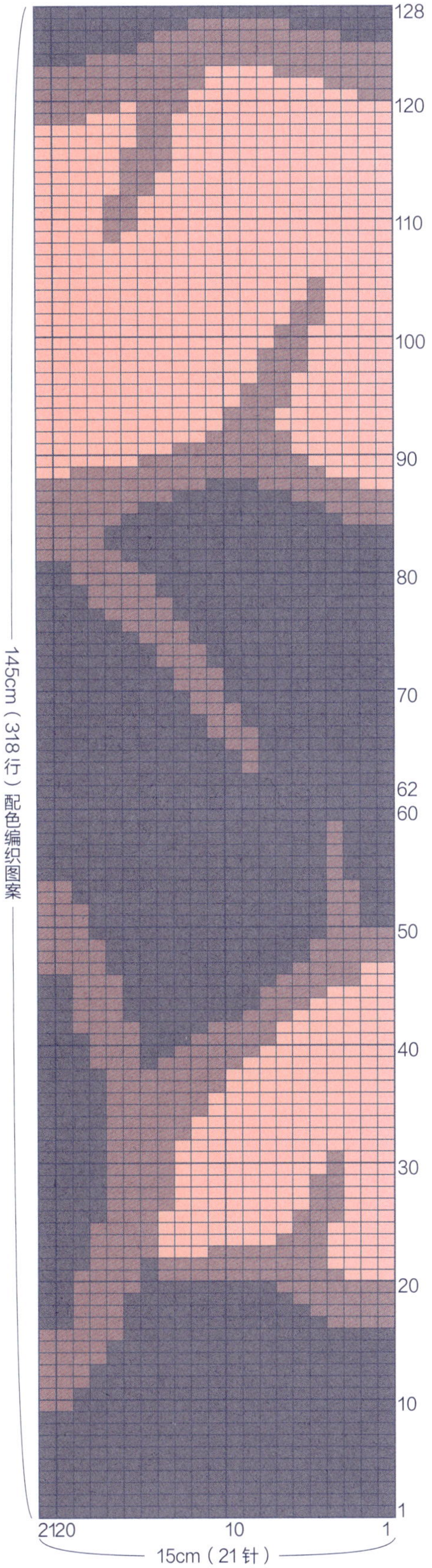

□ = | 下针

配色
■ = A（绛紫）
■ = B（象牙白）
■ = C（棕色）

猫咪围巾

○刺绣图解

参考p.84。

○围巾（前片）

织完420行，伏针收针。

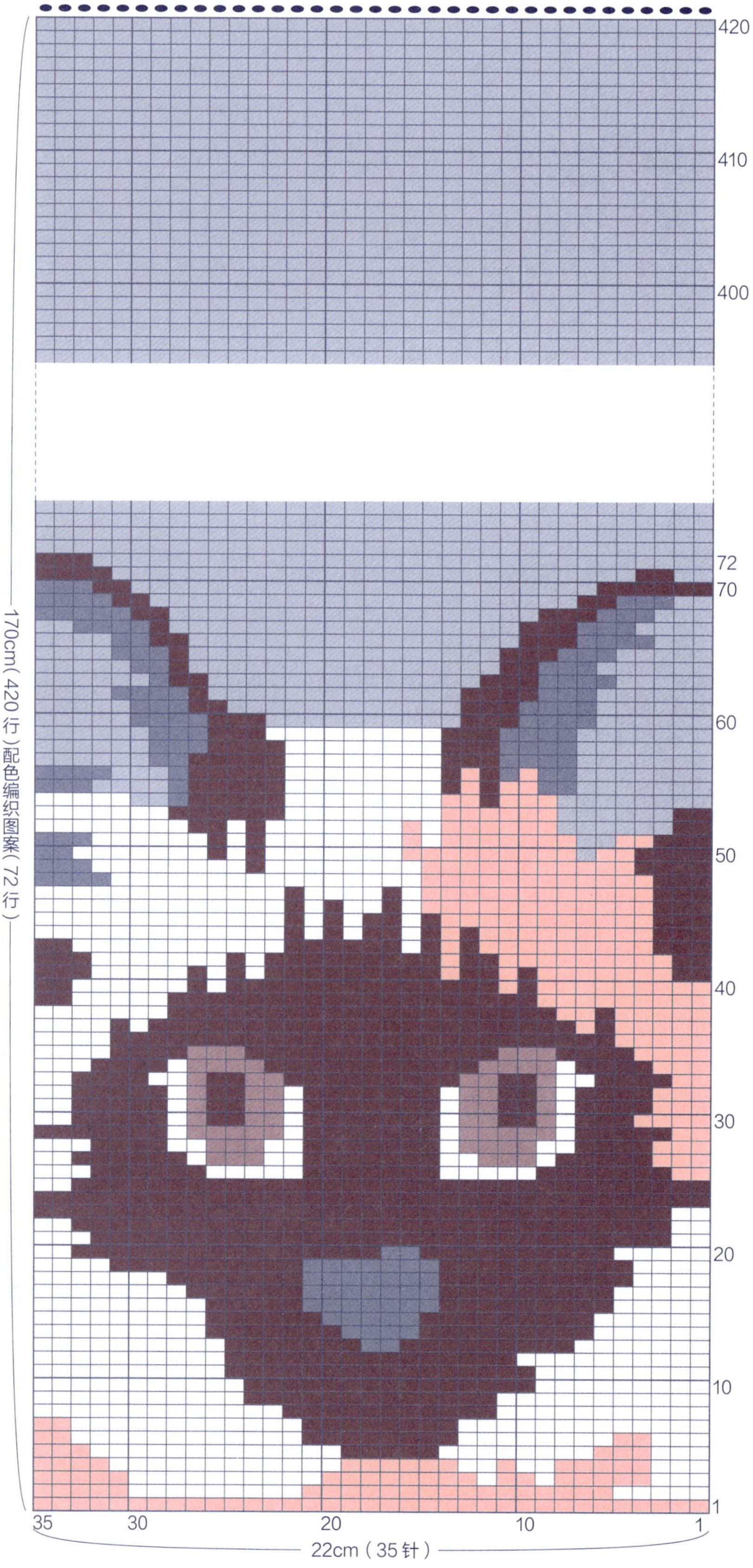

□ = ▯ 下针

配色
- ■ = B（炭灰色）
- □ = C（灰白）
- ■ = D（浅米色）
- ■ = E（米灰色）
- ■ = F（灰色）
- ■ = G（水蓝色）

○刺绣图解

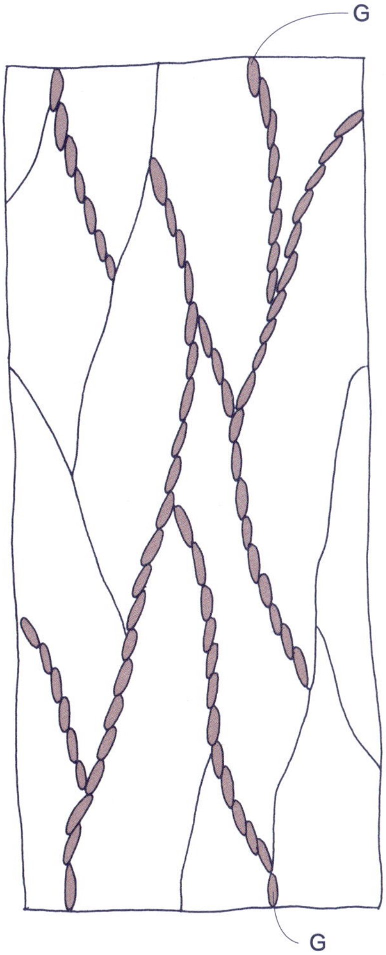

○围巾（前片）

将 98 行的图案重复 4 轮，织完 392 行后用 E 线作伏针收针。

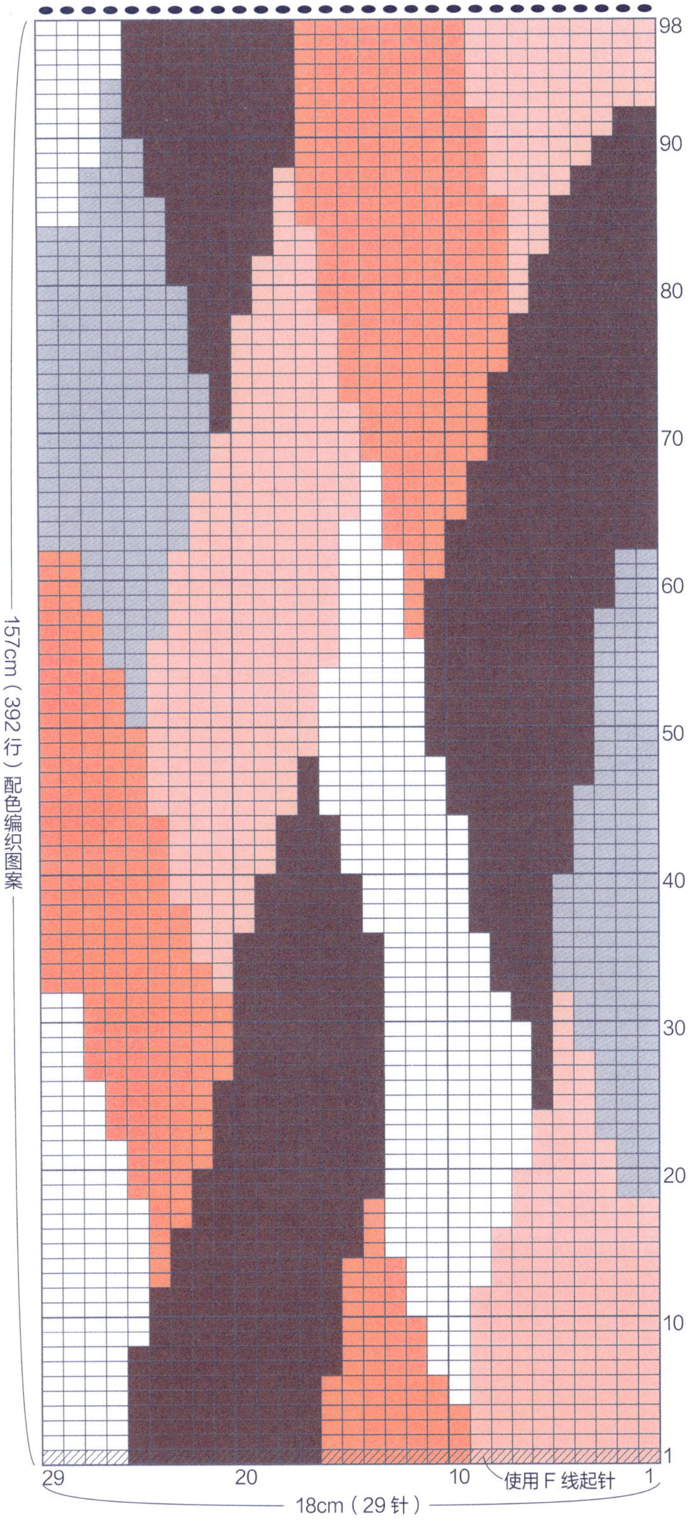

□ = ｜ 下针

配色
- = B（深棕色）
- = C（深橘色）
- = D（沙米色）
- = E（山吹色）
- = F（象牙白）

狮子 | Lion | →p.34

工具和材料

线材 / A：DARUMA / GENMOU（9）深灰色 105g
B：DARUMA / GENMOU（18）深橘色 10g
C：DARUMA / GENMOU（11）深棕色 10g
D：DARUMA / GENMOU（16）沙米色 5 g
E：Puppy / BRITISH EROIKA（203）山吹色 18g
F：Rich More / spectre modem（11）象牙白 10g
G：Rich More / spectre modem（2）浅米色 10g
H：Rich More / spectre modem（46）黑色 5 g
I：DARUMA / Fake Fur（3）驼色 5 m
（译者注：注意单位是米）

针 / 2 支装的直棒针（日本 8 号 =4.5mm）
钩针（日本 6/0 号 =3.5mm）

其他 / 内袋用布 38cm×86cm，彩色织带宽 2cm 长 142cm

编织密度

16.5 针 22.5 行（10cm×10cm）

尺寸

宽 35cm× 高 40cm× 提手 66cm

编织方法

所有毛线使用单根线编织。

- 使用手指绕线起针法起 59 针（起针行 = 第 1 行），前片从第 2 行开始使用纵向渡线的方法进行配色编织。后片使用 A 线编织 90 行。
- 完成的织片先用蒸汽熨斗整烫，再进行刺绣。
- 前后片的底部先作平针接合，再用蒸汽熨斗整烫。
- 两条侧边作挑针缝合，形成袋状。袋口的缘编用 A 线挑针，重复“每钩 7 针短针，钩 1 针短针的 2 并 1”，共减 12 针。
- 提手使用 A 线编织，夹缝彩色织带，提手的两条侧边作卷针缝合。
- 用疏缝线将提手固定在包体的指定位置。
- 用缝纫机将内袋布料缝制成袋状，再用缝纫机将其缝合到包体上。最后拆除所有疏缝线。

○内袋

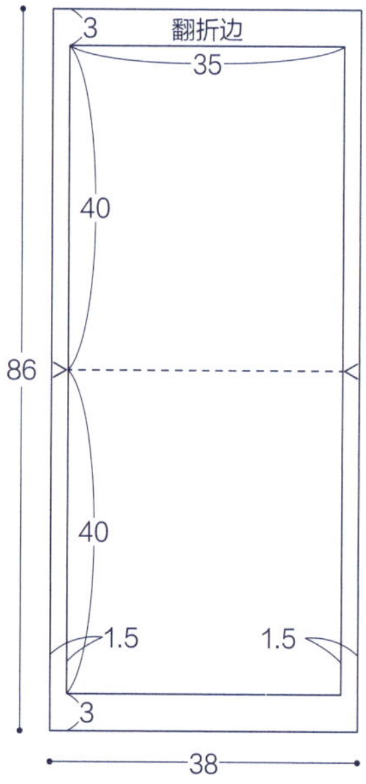

○刺绣图解

○提手

使用短针编织 4 根提手。

○提手的位置

将提手夹在织片与内袋之间缝合固定。

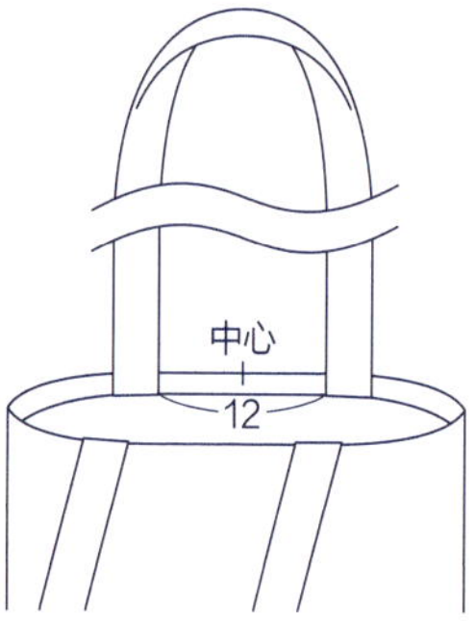

○包体（前片）

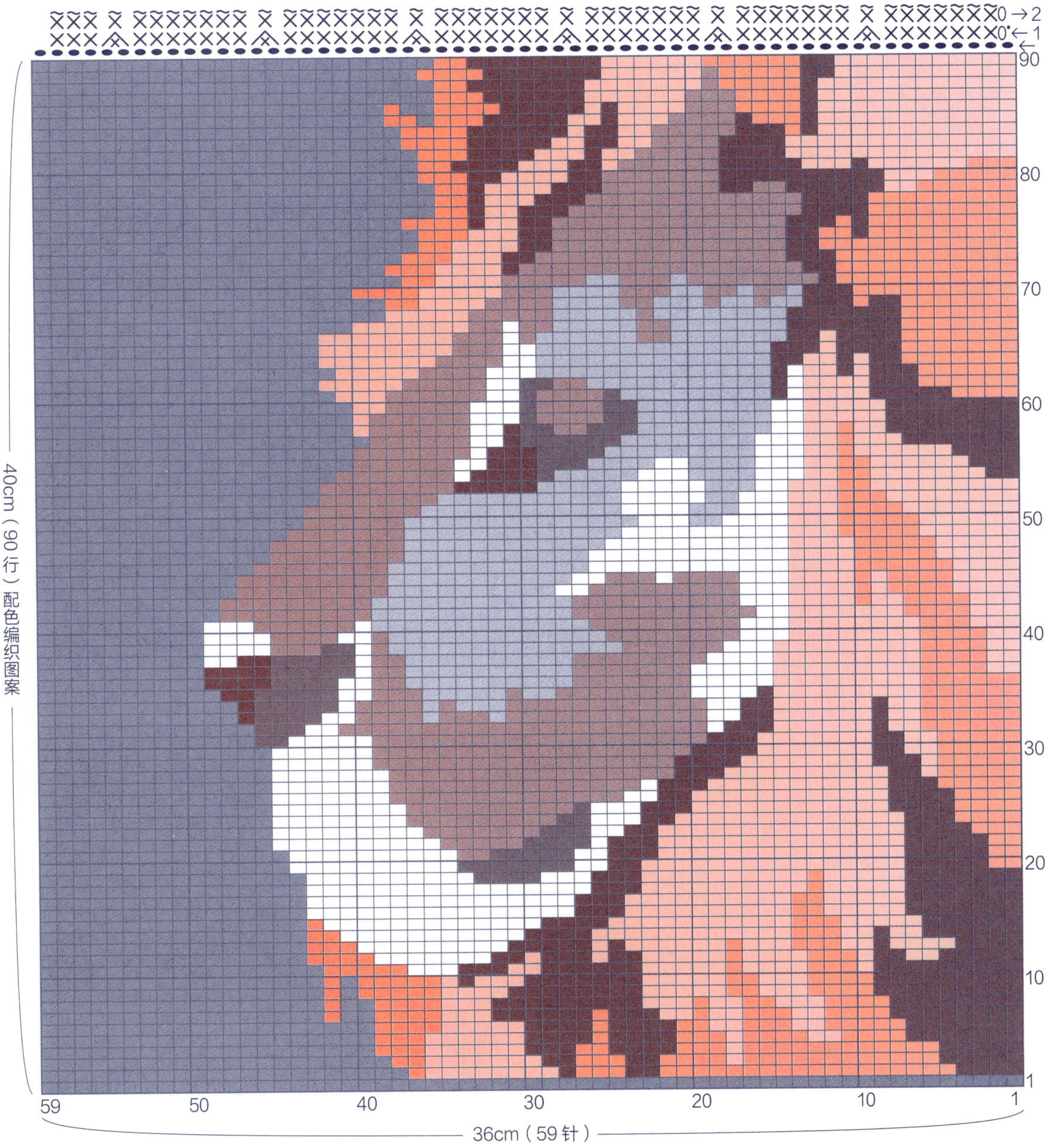

□ = ⏐ 下针

配色

- = A（深灰色）
- = B（深橘色）
- = C（深棕色）
- = D（沙米色）
- = E（山吹色）
- = F（象牙白）
- = G（浅米色）
- = H（黑色）

狼 | Wolf

→p.35

工具和材料

线材 / A：Puppy / Soft Douegal（5229）浅灰色 95g
B：Puppy / BRITISH EROIKA（161）焦茶 25g
C：Puppy / PRINCESS ANNY（528）象牙白 16g
※2 根线合股使用
D：Puppy / BRITISH EROIKA（173）灰色米色 15g
E：Puppy / BRITISH EROIKA（134）原色 10g
F：Puppy / BRITISH EROIKA（205）木纹黑 10g
G：Puppy / PELAGE（1311）柔雾灰 10g

针 / 2 支装的直棒针（日本 9 号 =4.8mm）
钩针（日本 7/0 号 =4mm）

其他 / 内袋用布 31cm×78cm，彩色织带宽 2cm 长 64cm

编织密度

前片 16.5 针 22 行（10cm×10cm）
后片 16.5 针 25 行（10cm×10cm）

尺寸

宽 28cm× 高 36cm× 提手 27cm

编织方法

毛线方面，C 线为 2 根线合股，除此之外均使用单根线编织。

- 使用手指绕线起针法起 48 针（起针行 = 第 1 行），前片从第 2 行开始使用纵向渡线的方法进行配色编织。G 线比其他线更粗，所以要织得更紧些。后片用 A 线编织 90 行平针（比前片多织 10 行）。
- 完成的织片先用蒸汽熨斗整烫，再进行刺绣。
- 前后片的底部先作平针接合，再用蒸汽熨斗整烫。
- 两侧用珠针固定防止移位，作挑针缝合，形成袋状。袋口的缘编使用 A 线挑针，重复“每钩 6 针短针，钩 1 针短针的 2 并 1”，共减 11 针。
- 提手使用 A 线编织，夹缝彩色织带，提手的两条侧边作卷针缝合。
- 用疏缝线将提手固定在包体的指定位置。
- 用缝纫机将内袋布料缝制成袋状，再用缝纫机将其缝合到包体上。最后拆除所有疏缝线。

○刺绣图解

眼睛的刺绣方法

用 F 线绣成圆形后，再用 C 线作点绣。

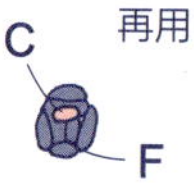

○提手

使用短针编织 4 根提手。

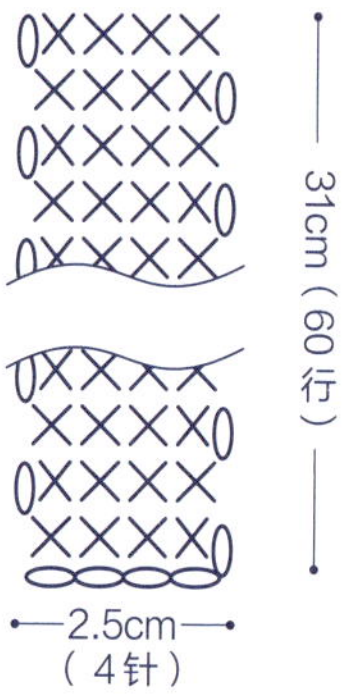

○内袋

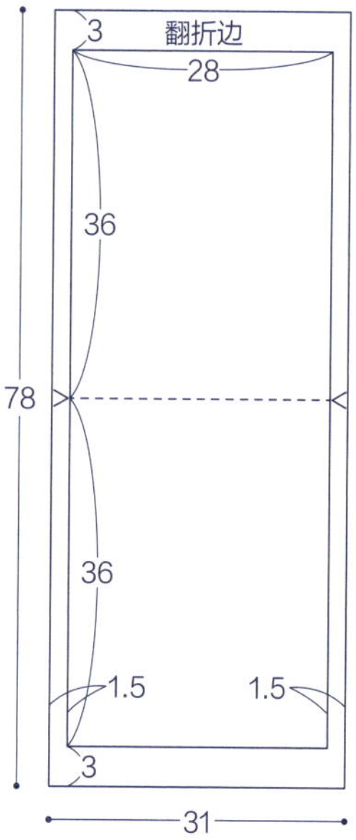

○提手的位置

将提手夹在织片与内袋之间缝合固定。

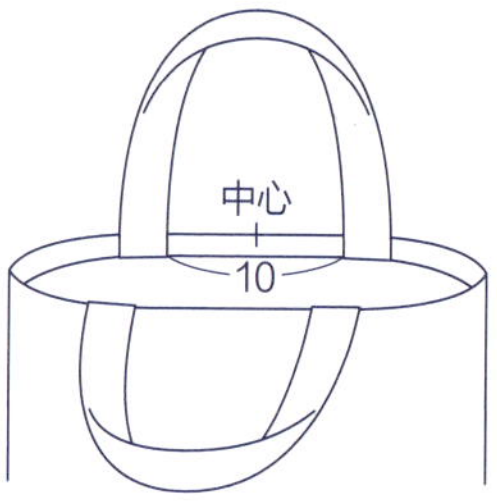

○包体（前片）

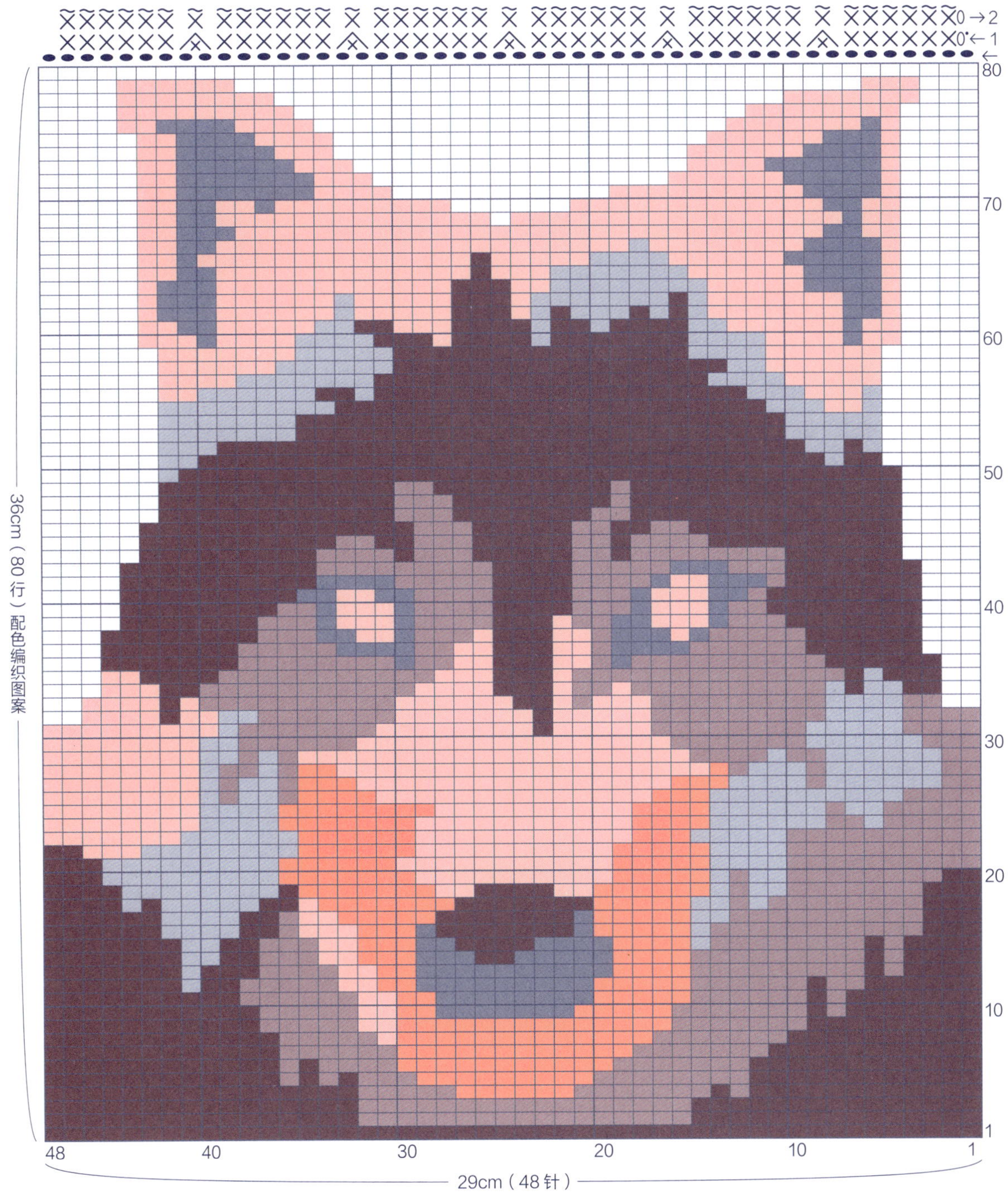

□ = | 下针

配色
□ = A（浅灰色）
■ = B（焦茶）
■ = C（象牙白）
■ = D（灰色米色）
■ = E（原色）
■ = F（木纹黑）
■ = G（柔雾灰）

山羊 | Goat | → p.36

工具和材料

线材 / A：Rich More / BACARA EPOCH（214）灰色 132g
B：Rich More / spectre modem（2）浅米色 10g
C：Rich More / spectre modem（11）象牙白 10g
D：Rich More / spectre modem（12）驼色 10g
E：Rich More / spectre modem（39）茶色 5 g
F：Rich More / spectre modem（56）深灰色 5 g
G：Puppy / PELAGE（811）柔雾白 5 g
H：Puppy / PELAGE（1315）柔雾米 5 g

针 / 2 支装的直棒针（日本 8 号 =4.5mm）
钩针（日本 6/0 号 =3.5mm）

其他 / 内袋用布 33cm × 80cm，彩色织带宽 1.5cm 长 70cm

编织密度

17 针 21.5 行（10cm × 10cm）

尺寸

宽 30cm × 高 37cm × 提手 30cm

编织方法

所有毛线使用单根线编织。

- 使用手指绕线起针法起 52 针（起针行 = 第 1 行），前片从第 2 行开始使用纵向渡线的方法进行配色编织。后片使用 A 线编织 80 行。
- 完成的织片先用蒸汽熨斗整烫，再进行刺绣。
- 前后片的底部先作平针接合，再用蒸汽熨斗整烫。
- 两条侧边作挑针缝合，形成袋状。袋口使用 A 线制作缘编。
- 提手使用 A 线编织，夹缝彩色织带，提手的两条侧边作卷针缝合。
- 用疏缝线将提手固定在包体的指定位置。
- 用缝纫机将内袋布料缝制成袋状，再用缝纫机将其缝合到包体上。最后拆除所有疏缝线。

○刺绣图解

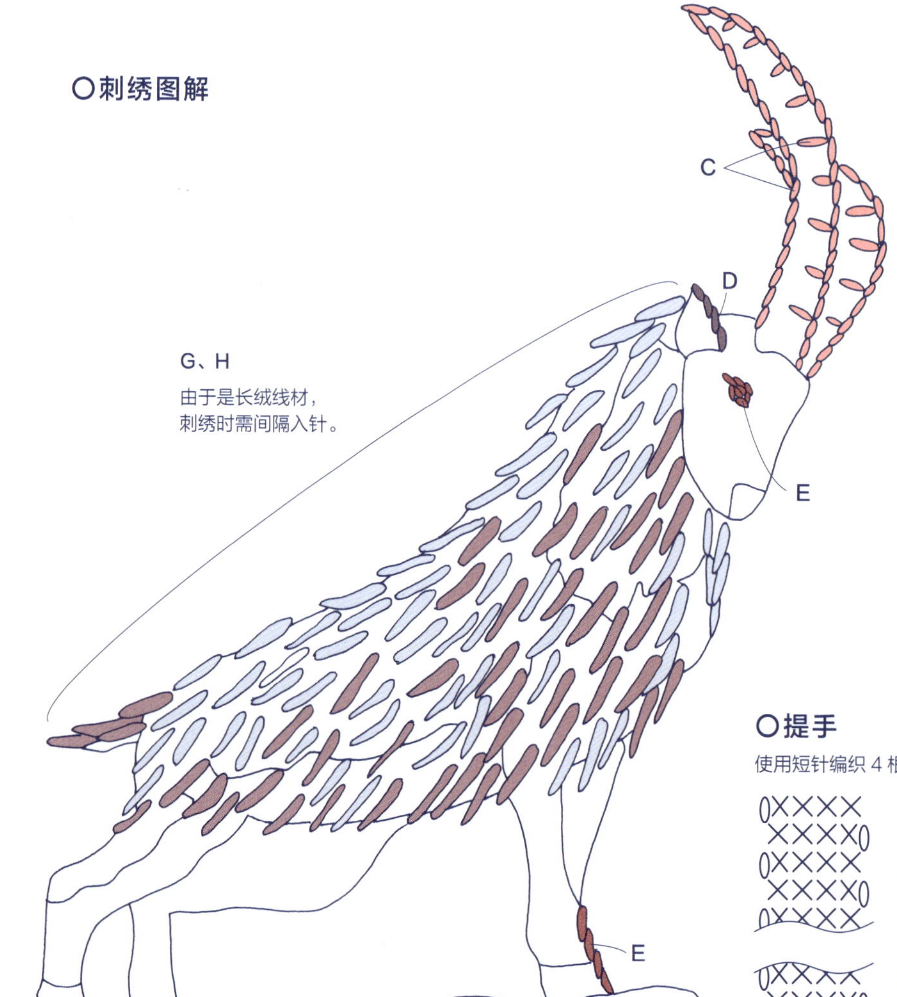

○内袋

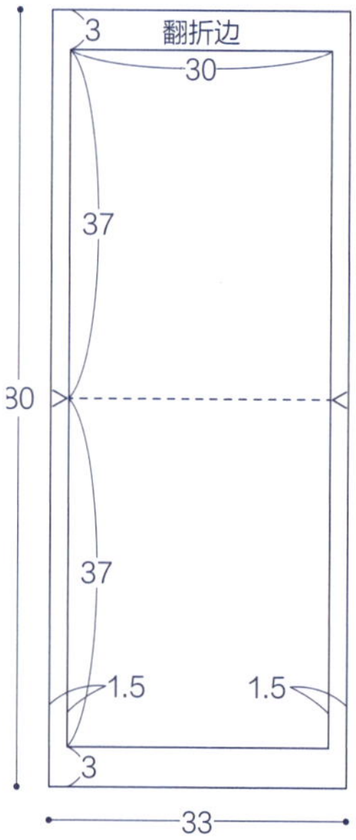

○提手

使用短针编织 4 根提手。

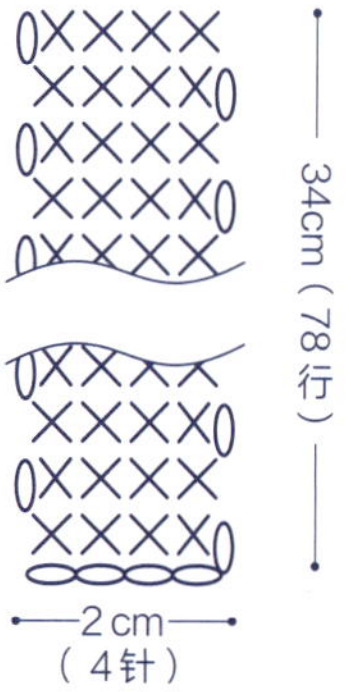

○提手的位置

将提手夹在织片与内袋之间缝合固定。

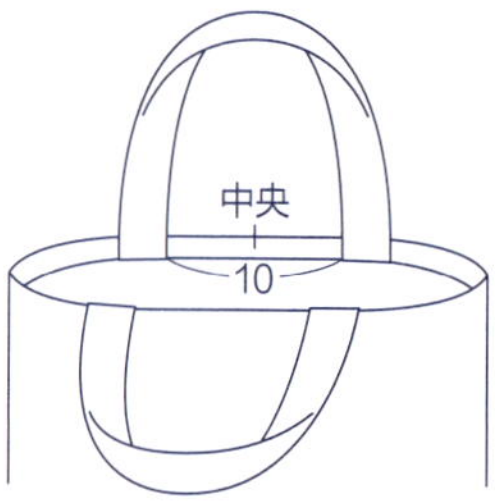

○包体（前片）

□ = | 下针

配色
- A（灰色）
- B（浅米色）
- C（象牙白）
- D（驼色）
- E（茶色）
- F（深灰色）

26 驴 | Donkey | → p.37

工具和材料

线材 / A：DARUMA / Pom Pom Wool（1）
象牙白 × 灰色 145g
B：Rich More / spectre modem（12）驼色 15g
C：Puppy / BRITISH EROIKA（201）赤茶 20g
D：Rich More / spectre modem（3）原色 5g
E：Rich More / spectre modem（50）银灰色 5g
F：Rich More / spectre modem（39）茶色 5g
G：Rich More / spectre modem（46）黑色 5g

针 / 2 支装的直棒针（日本 9 号 =4.8mm）
钩针（日本 7/0 号 =4mm）

其他 / 内袋用布 31cm × 76cm，彩色织带宽 2cm 长 68cm

编织密度

15 针 22 行（10cm × 10cm）

尺寸

宽 28cm × 高 35cm × 提手 29cm

编织方法

所有毛线使用单根线编织。

- 使用手指绕线起针法起 44 针（起针行 = 第 1 行），前片从第 2 行开始使用纵向渡线的方法进行配色编织。后片使用 A 线编织 76 行。
- 完成的织片先用蒸汽熨斗整烫，再进行刺绣。
- 前后片的底部先作平针接合，再用蒸汽熨斗整烫。
- 两条侧边作挑针缝合，形成袋状。袋口使用 A 线制作缘编。
- 提手使用 A 线编织，夹缝彩色织带，提手的两条侧边作卷针缝合。
- 用疏缝线将提手固定在包体的指定位置。
- 用缝纫机将内袋布料缝制成袋状，再用缝纫机将其缝合到包体上。最后拆除所有疏缝线。

○刺绣图解

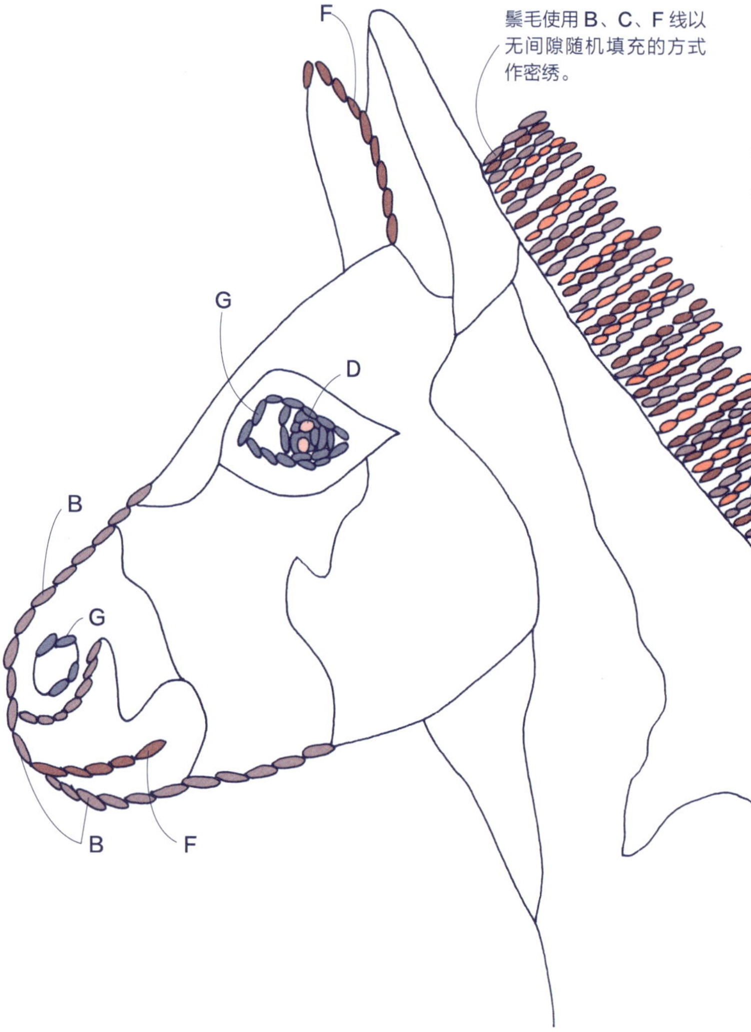

○提手

使用短针编织 4 根提手。

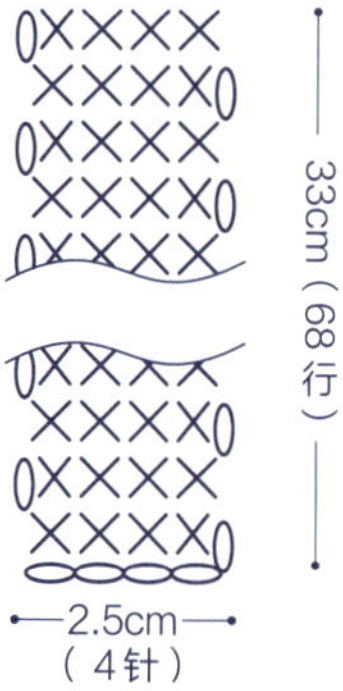

○内袋

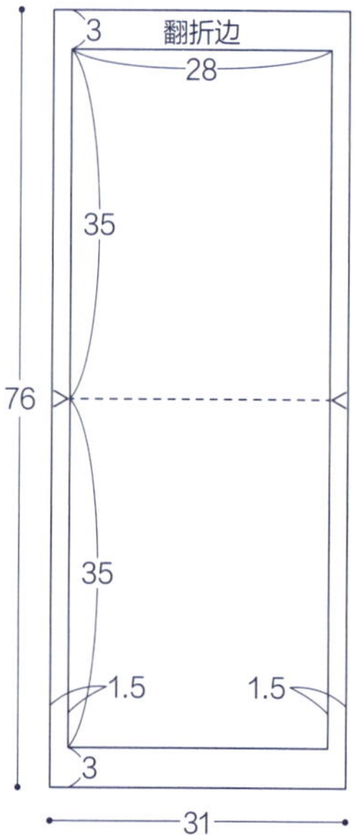

○提手的位置

将提手夹在织片与内袋之间缝合固定。

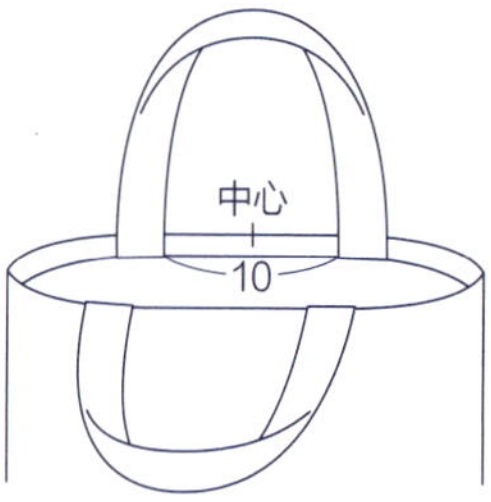

○包体（前片）

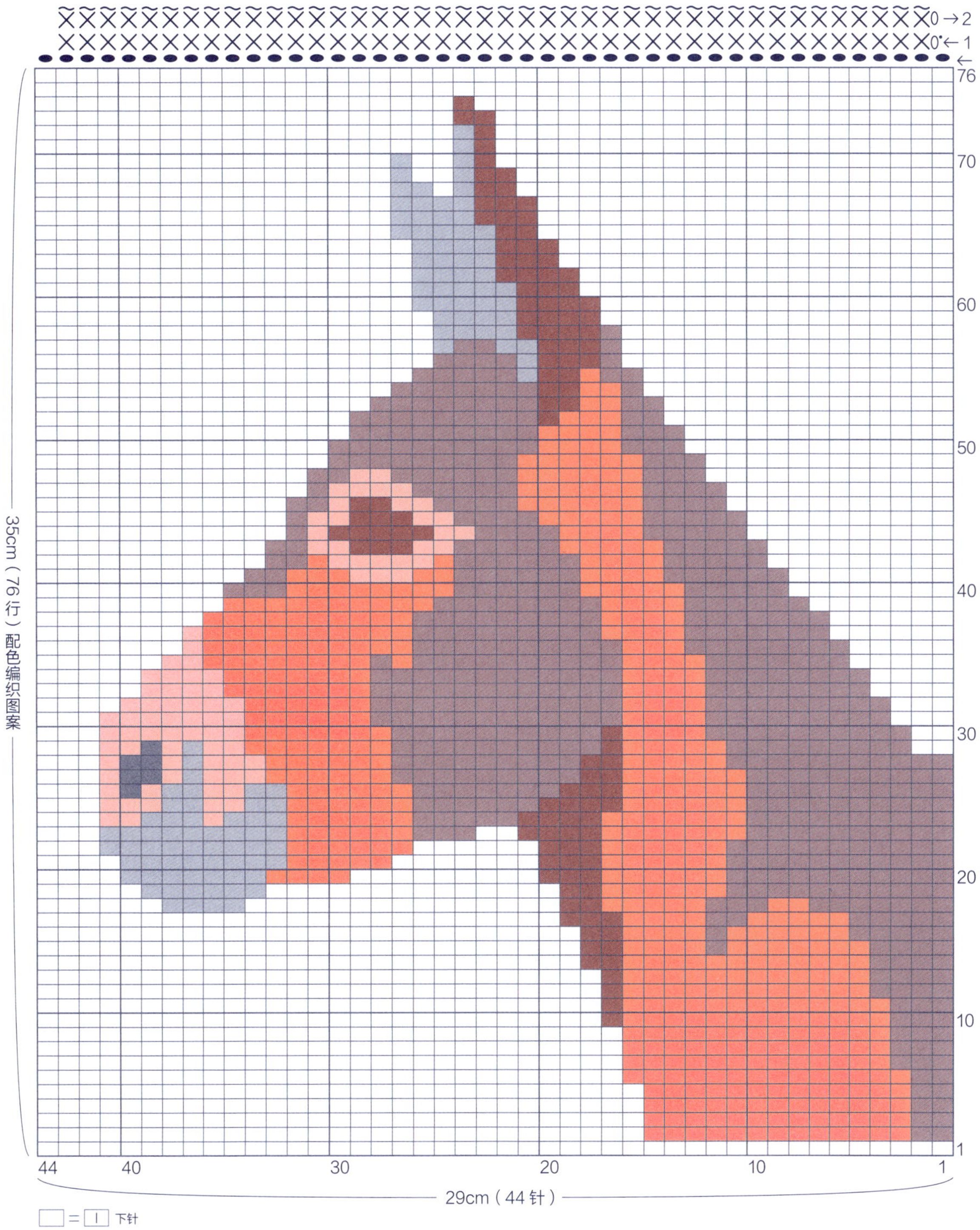

□ = | 下针

配色
- □ = A（象牙白 × 灰色）
- ■ = B（驼色）
- ■ = C（赤茶）
- ■ = D（原色）
- ■ = E（银灰色）
- ■ = F（茶色）
- ■ = G（黑色）

27 驯鹿 | Reindeer | →p.38

工具和材料

线材 / A：Puppy / BRITISH EROIKA（190）孔雀蓝 145g
B：Puppy / BRITISH EROIKA（134）原色 15g
C：Puppy / PRINCESS ANNY（528）象牙白 16g
※2 根线合股使用
D：Puppy / BRITISH EROIKA（200）粉米色 15g
E：Puppy / BRITISH EROIKA（201）赤茶 10g
F：Puppy / BRITISH EROIKA（161）焦茶 5g
G：Puppy / BRITISH EROIKA（205）木纹黑 5g

针 / 2 支装的直棒针（日本 9 号 =4.8mm）
钩针（日本 7/0 号 =4mm）

其他 / 内袋用布 35cm×72cm，彩色织带宽 2cm 长 70cm

编织密度

15.5 针 20.5 行（10cm×10cm）

尺寸

宽 32cm× 高 33cm× 提手 30cm

编织方法

毛线方面，C 线为 2 根线合股，除此之外均使用单根线编织。

- 使用手指绕线起针法起 51 针（起针行 = 第 1 行），前片从第 2 行开始使用纵向渡线的方法进行配色编织。后片使用 A 线编织 68 行。
- 完成的织片先用蒸汽熨斗整烫，再进行刺绣。
- 前后片的底部先作平针接合，再用蒸汽熨斗整烫。
- 两条侧边作挑针缝合，形成袋状。袋口的缘编使用 A 线挑针，重复“每钩 6 针短针，钩 1 针短针的 2 并 1”，共减 12 针。
- 提手使用 A 线编织，夹缝彩色织带，提手的两条侧边作卷针缝合。
- 用疏缝线将提手固定在包体的指定位置。
- 用缝纫机将内袋布料缝制成袋状，再用缝纫机将其缝合到包体上。最后拆除所有疏缝线。

○刺绣图解

○内袋

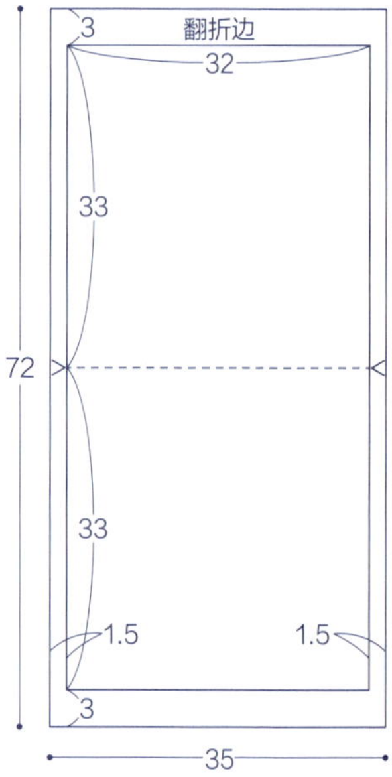

○提手

使用短针编织 4 根提手。

○提手的位置

将提手夹在织片与内袋之间缝合固定。

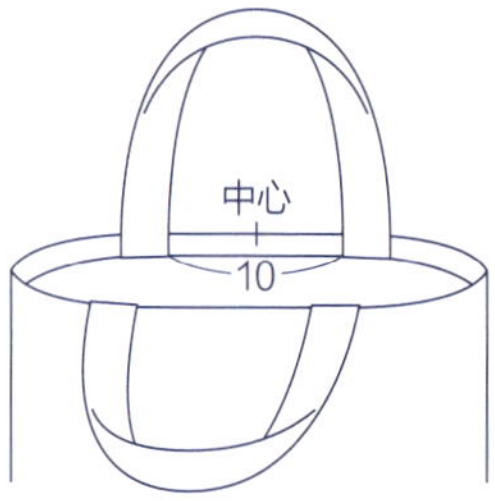

○包体（前片）

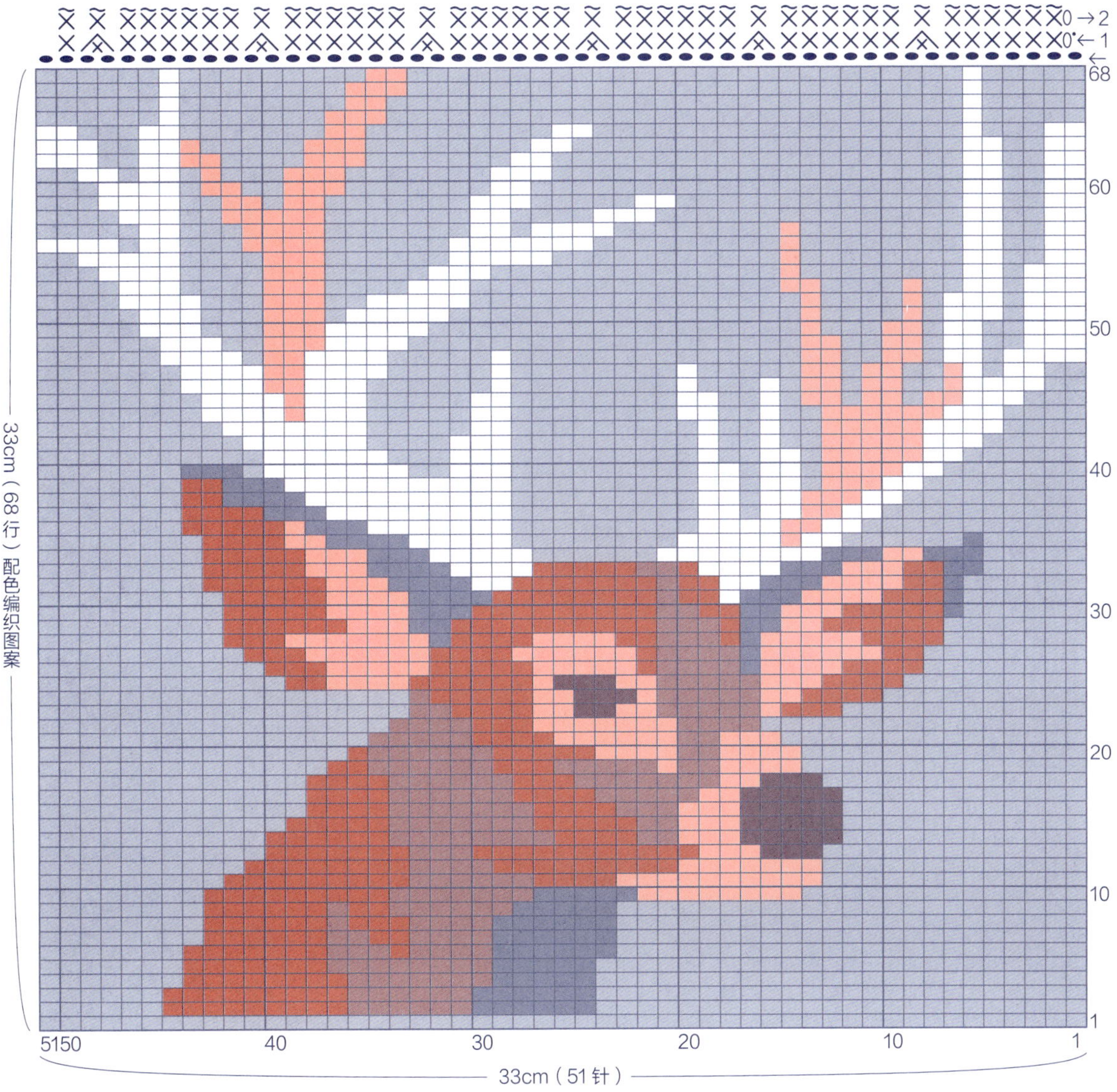

□ = Ⅰ 下针

配色
- = A（孔雀蓝）
- = B（原色）
- = C（象牙白）
- = D（粉米色）
- = E（赤茶）
- = F（焦茶）
- = G（木纹黑）

图书在版编目(CIP)数据

东海绘里香动物提花编织包:修订版/(日)东海绘里香著;舒舒译. -- 上海:东华大学出版社,2025.8. -- ISBN 978-7-5669-2591-6

Ⅰ. TS935.521-64

中国国家版本馆 CIP 数据核字第 2025KH4475 号

日版创作团队
摄　　影 / 福井裕子
设计 · 装帧 / 三上祥子(Vaa)
制　　图 / 株式会社 WADE手工艺制作部(关和之、原田镇郎、木下春圭、稻村穣、森崎达也、渡边信吾)
制 作 协 助 / 铃木贵美子
校　　对 / 野中良美
编　　辑 / 古池日香留
特 别 鸣 谢 / 东海辉子、原优子、汤浅绘美

责 任 编 辑 / 洪正琳
版 式 设 计 / 赵　燕
封 面 设 计 / Cara

东海绘里香动物提花编织包(修订版)

DONGHAI HUILIXIANG DONGWU TIHUA BIANZHIBAO

著　者:[日]东海绘里香
译　者:舒　舒
出　版:东华大学出版社(上海市延安西路 1882 号　邮政编码:200051)
出版社网址:dhupress.dhu.edu.cn
出版社邮箱:dhupress@dhu.edu.cn
营 销 中 心:021-62193056　62373056　62379558
印　刷:上海万卷印刷股份有限公司
开　本:787 mm x 1092 mm　1/16
印　张:7.5
字　数:169 千字
版　次:2025 年 8 月第 1 版
印　次:2025 年 8 月第 1 次印刷
书　号:978-7-5669-2591-6
定　价:69.00 元